计算学科 导论

ntroduction to
Computer Science

■ 田俊峰 何欣枫 刘凡鸣 —— 编著

人民邮电出版社

北 京

图书在版编目（CIP）数据

计算学科导论 / 田俊峰，何欣枫，刘凡鸣编著. --
北京：人民邮电出版社，2020.7（2024.7重印）
ISBN 978-7-115-53989-2

Ⅰ. ①计… Ⅱ. ①田… ②何… ③刘… Ⅲ. ①计算机
科学－高等学校－教材 Ⅳ. ①TP3

中国版本图书馆CIP数据核字(2020)第077730号

内 容 提 要

计算学科导论是计算机类相关专业的学科入门指导课程，涉及计算学科的各个方面。本书在讨论计算学科基本理论和技术的基础上，引入了计算思维的概念，共分为6章。第1章介绍计算学科概念。第2章介绍存储、程序的相关概念以及存储程序的原理及改进。第3章通过案例教学的方式介绍了常见的算法设计思想。第4章介绍计算思维概念以及如何利用计算思维进行问题求解。第5章介绍计算学科的知识体系结构。第6章介绍计算学科的发展趋势。

本书既可作为高等学校计算机科学与技术、信息安全、网络工程、软件工程等相关专业的本/专科生教材，又适合作为计算机爱好者的自学读物。

◆ 编　著　田俊峰　何欣枫　刘凡鸣
　　责任编辑　王　夏
　　责任印制　彭志环
◆ 人民邮电出版社出版发行　北京市丰台区成寿寺路 11 号
　　邮编　100164　电子邮件　315@ptpress.com.cn
　　网址　https://www.ptpress.com.cn
　　北京九州迅驰传媒文化有限公司印刷
◆ 开本：700×1000　1/16
　　印张：14　　　　　　　　2020 年 7 月第 1 版
　　字数：275 千字　　　　　2024 年 7 月北京第 8 次印刷

定价：89.00 元
读者服务热线：(010)53913866　印装质量热线：(010)81055316
反盗版热线：(010)81055315

前　言

计算学科导论是本科计算机类相关专业的学科入门课程，涉及计算学科的各个方面。课程定位是利用科学的方式将学生引入计算学科各个富有挑战性的领域中，同时为学生正确认知计算学科提供方法，也为后续课程学习进行铺垫。

自 2006 年周以真教授提出计算思维的概念以来，计算思维在计算机领域产生了广泛影响。中国计算机学会大力倡导将计算思维与计算学科导论课程相结合，大力开展课程改革。

为提高计算学科导论课程的教学效率，更好地适应学科发展，编者开展了以计算思维为基础、以计算机问题求解为导向的计算学科导论课程改革。在经历多个周期的课程建设后，编者对多年的讲义、教学案例进行了总结、提炼，开始了本书的编写工作。本书全面融入计算思维概念，并根据计算机技术发展的特点，侧重对计算学科的理解和引导，同时结合课程改革思路的需要编写而成，能很好地满足计算学科导论课程的教学需求，帮助学生建立完整的学科知识体系。

本书不仅包含了对计算学科核心课程内容的介绍，还加入了对计算学科发展的前沿技术以及计算技术发展趋势的介绍内容，使学生可以对计算学科发展的过去、现在和未来有一个全面的认识。

本书共分为 6 章。第 1 章介绍计算学科概念。第 2 章介绍计算机存储、程序的相关概念以及存储程序的原理及改进。第 3 章通过案例教学的方式介绍了常见的算法设计思想。第 4 章介绍计算思维概念以及如何利用计算思维进行问题求解。第 5 章介绍计算学科的知识体系结构。第 6 章介绍计算学科的发展趋势。

本书的第 1、2 章由刘凡鸣编写，第 3、4 章由田俊峰编写，第 5、6 章由何欣枫编写，最后由何欣枫、刘凡鸣统稿。

本书在编写过程中得到了许多专家的大力支持，参考了大量的文献资料。编者在此向他们表示诚挚的谢意。

鉴于编者的水平有限，书中难免有不妥之处，恳切希望读者予以指正。

编　者

2020 年 1 月

目　录

第 1 章

计算学科概念辨识

1.1 计算机与计算学科

1.1.1 大众眼中的计算机

什么是计算机？提到计算机，可能很多人会想到个人计算机（Personal Computer，PC）、Windows、Office、Internet、WWW 等名词，甚至云计算、物联网、虚拟现实（Virtual Reality，VR）、人工智能等概念也会由没有任何专业背景的人脱口而出。五彩缤纷的新技术是不少学生希望进入计算机专业学习的重要动力，而要更"专业"一些，人们能想到的恐怕也就只有"编程"了。确实，随着近些年来计算机产业的飞速发展，计算机变得越来越大众化，已成为一个人人都能学会、人人都可以使用的工具。但是，作为一门学科，公众头脑中对计算机专业的理解又有多大的准确性呢？许多人的看法是"计算机只不过是工具"，其后面隐含的意思就是"主要就是应用"。这本身没有什么不对，但用它作为计算机专业定位的出发点就会造成极大的误导。任何一个研究对象，都会涉及科学、技术、工程和应用等各个层面的问题，下面从这 4 个角度来重新认识计算机。

1979 年版《辞海》关于科学做了如下定义。科学是关于自然界、社会和思维的知识体系，它是适应人们生产斗争和阶级斗争的需要而产生和发展的，它是人们实践经验的结晶。计算学科为计算机设计、计算机程序设计、信息处理、问题的算法解决方案和算法过程本身等主题建立科学的基础。它是一门研究信息转换过程中设计、分析、实现、效率及应用的学问，深深地植根于数学、工程学和逻辑学之中。

世界知识产权组织在 1977 年版的《供发展中国家使用的许可证贸易手册》中，对技术做了如下定义。技术是制造一种产品的系统知识，所采用的一种工艺或提供的一项服务，不论这种知识是否反映在一项发明、一项外形设计、一项实用新型或者一种植物新品种，或者反映在技术情报或技能中，或者反映在专家为设计、安装、开办或维修一个工厂或为管理一个工商业企业或其活动而提供的服务或协助等方面。计算机技术就是人们想用计算机实现什么，概括来讲，人们希望用计算机做三件事。首先是实现模拟，无论是求解数学问题，或是实现虚拟现实，都可以通过计算机模拟实现。其次是通信，从跨越空间常规意义上的通信到利用存储功能实现跨时间的通信。最后是控制，从最初控制飞机、火箭，到现在控制生活中的洗衣机、电冰箱等。

就狭义而言，工程是将某个（或某些）现有实体（自然的或人造的）转化为具有预期使用价值的人造产品的过程。就广义而言，工程则定义为由一群（个）人为达到某种目的，在一个较长时间周期内进行协作（单独）活动的过程。工程问题并不能单靠技术和工具来解决。计算机领域中的工程问题是指在计算机产品开发过程中，一定要用工程的思想控制开发过程，保证产品的质量，使开发人员成为真正的工程师。计算机教育家坦南鲍姆（Tannenbaum）有个形象的说法，上帝创造世界却忘记了写说明书，科学家的任务就是补写出这部说明书，而工程师的职责则是用一角钱做出傻瓜必须用一元钱才能做的事。

计算机的应用可能是在我国计算机教育界有最多误区的一个方面。南京大学陈道蓄教授的观点是，我们严重的问题是没有重视计算机应用技术和计算机技术的应用二者的区别。随着信息化和软件技术的不断进步，计算机技术的应用将不再是计算机领域的专业人员所独有的。

综上所述，大众眼中的计算机与我们要学习的内容有着太多的不同，科学、技术、工程和应用不仅需要不同的知识和技能背景，更重要的是它们具有不同的思维方式和工作模式。搞清楚这些差别，对我们今后的学习和工作将有积极的作用。

1.1.2　计算机如何计算

在介绍计算机的计算原理之前，需要先介绍计算机中使用的计数方式，这和我们日常生活中的计数方式有所区别。日常生活中的计数方式通常使用的是十进制计数法，使用 0~9 这 10 个符号就可以组合出各种各样的数字。每当计数达到 9 时，若再加 1 就需要将 9 变为 0 并向左进 1，也就是常说的逢 10 进 1，如图 1.1 所示。

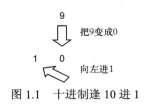

图 1.1　十进制逢 10 进 1

　　然而在计算机内部并不能识别十进制的数字，它采用的是二进制计数法。什么是二进制计数法？二进制计数法只包含 0、1 这两种符号，使用的是逢 2 进 1 的计数方式。当什么也没有时，用符号 0 表示；当数量达到 1 时，用符号 1 表示，如图 1.2 所示。那么问题来了，如果有两个（十进制数）苹果，怎么用二进制表示呢？因为二进制遵循的是逢 2 进 1 的原则，那么当在 1 的基础上再加 1 时就需要先将 1 变为 0，然后再向左进 1，即用二进制符号 10 来表示十进制中数字 2，变换过程如图 1.3 所示。按照这个计数原则，十进制中数字 2、3 的二进制表示方法如图 1.4 所示。如果想用二进制表示十进制中数字 4，这就碰到了前面出现的进位问题，处理方法一样，过程如图 1.5 所示。其他数字的表示方法也是同理的，只要遵循逢 2 进 1 的原则，再多一点细心和耐心，再大的数也可以用二进制表示。

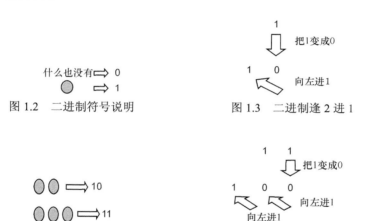

图 1.2　二进制符号说明　　　　图 1.3　二进制逢 2 进 1

图 1.4　用二进制表示十进制数 2、3　　图 1.5　二进制数 3 到 4 的变换过程

　　在了解计算机的计数方式之后，我们再通过一个小例子了解计算机的计算方式。首先让我们回忆十进制加法的运算法则，这个想必大家再熟悉不过了，我们从小学开始就掌握了计算十进制加法的技能。说到这里大家可能马上就联想到了十进制加法的计算方法，就是把被加数和加数右对齐，然后从最右边开始让每个相对的位的值进行加法运算，如果有进位就进到该位的左边一位。整个过程中需要注意的就是进位方法。

　　如何对二进制数进行加法运算？其实二进制加法和十进制加法非常类似，但比十进制要简单得多，因为二进制只有 0 和 1 两个符号，所以总结起来只有 4 条，0 加 0 等于 0，0 加 1 等于 1，1 加 0 等于 1，1 加 1 等于 0 进 1。这个可以理解为，如果你没有苹果，我也没有苹果，那么我们都没有苹果（0 加 0 等于 0）；如果你有苹果，我没有苹果（0 加 1 等于 1），或者我有苹果，而你却没有苹果

（1 加 0 等于 1），那么我们总共有 1 个苹果；如果你也有苹果，我也有苹果，但是外面没有地方放，我们把这两个苹果放到一个箱子里，那么虽然我们现在手头上什么也没有，但是我们有一个箱子（1 加 1 等于 0 进 1）。对于进位规则，二进制也跟十进制类似，被加数和加数都保持右对齐，相加时逢 2 进 1。

下面通过一个小例子，来感受二进制加法运算的过程。假设我们要计算二进制数 111 与 10 的和。首先将被加数和加数保持右对齐。然后按位相加，最右位 1 加 0 等于 1，接着中间位 1 加 1 等于 0 进 1，向左进 1，最左位上 1 加上进位 1 等于 0 再进 1，所以最终的相加结果为 1001，如图 1.6 所示。我们来验证正确性，二进制数 111 对应的十进制数是 7，二进制数 10 对应的十进制数是 2，二进制数 1001 对应的十进制数是 9，7 加 2 等于 9，因此计算过程是正确的。

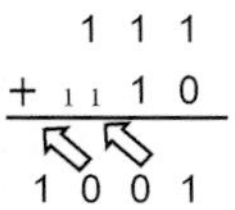

$$
\begin{array}{r}
1\ 1\ 1 \\
+\ 1\ 1\ 1\ 0 \\
\hline
1\ 0\ 0\ 1
\end{array}
$$

图 1.6　二进制加法示意

现在从计算机的角度看一下 7+2 的整体计算过程。我们可以先简单地将计算机的计算过程看成输入、处理和输出这 3 个步骤，即从键盘输入要计算的数据，然后计算机按照操作人的意图进行计算，最后将计算结果输出到屏幕上。那么针对这个例子来说，首先从键盘上键入 7，键盘检测到输入后将十进制数字 7 转换为二进制电信号并传递给计算机主机上的 USB 控制器；然后控制器将信号传递给 CPU，CPU 将传递来的按键内容的信号记录下来，通知图形库将输入的内容 7 显示在屏幕上；最后在键盘上依次输入加号和 2，处理过程与前面相同。当从键盘上键入回车符时，计算机开始进行加法运算，它向 CPU 传递一条加法指令。CPU 收到指令后开始对 111 和 10 进行加法运算，得到二进制计算结果 1001。最后 CPU 通知图形库让其将二进制结果转换成十进制并显示到屏幕上，我们就从屏幕上看到了最终的输出结果 9。

1.1.3　计算学科及其研究领域

随着计算机领域的快速发展，计算机受到越来越多的人的关注，很多学校开始开设计算机类的相关课程，但是对于计算学科这一名词却产生了分歧。有些科学家认为计算机主要用于数值计算，没必要单独设立这门学科。1985 年，ACM和 IEEE Computer Society 开始合作研究计算作为一门学科的必要性，经过近 4 年的努力，该研究组提交了一份名为"计算作为一门学科"的报告，并刊登在 1989 年

1 月的 *Communications of the ACM* 杂志上。

　　"计算作为一门学科"从定义一个学科的要求及其简短定义，以及支撑一个学科所需的抽象、理论和设计内容等方面，详细地阐述了计算作为一门学科的事实。该报告中对计算学科进行了如下描述：计算学科是对描述和转换信息算法过程的系统性研究，包括它们的理论、分析、设计、效率、实现和应用。计算学科主要可以分为两个方向，即计算学科和计算工程。

　　利用计算机进行科学计算正逐渐受到各个领域的青睐，这种计算方式具有快速、高效、高可靠等优点，在现代科技领域，计算正发挥着越来越大的作用。计算已经成为一种基础的科学方法，是继两种传统科学方法（理论和实验）之后的第三种科学方法。

　　计算学科的主要研究领域包括计算理论、算法与数据结构、编程方法与编程语言、计算机元素与架构，还有一些比较重要的领域，如软件工程、人工智能、计算机网络与通信、数据库系统、并行与分布式计算、人机交互、机器翻译、计算机图形学、操作系统、数值和符号计算、实时处理和工业控制。

1.2　计算简史

　　计算机到底是谁发明的？不同的人可能会有不同的答案，因为很多人都为计算机的诞生贡献了力量，计算机的诞生凝聚了无数人的智慧。下面主要介绍计算发展史中的里程碑阶段。

1.2.1　古典计算

1．结绳

　　原始社会的人类只能借助外物的帮助来计数，比如用在绳子上打结的方法，如图 1.7 所示。中国古书《易经》的《系辞》里曾记载："上古结绳而治，后世圣人，易之以书契。"在 4 000 多年前的甲骨文中，"数"字的表示方法为左边形如一根绳上打了许多结，上下有被拴在主绳上的细绳，右边则是一只手，这表示古人是用结绳来计数的，如图 1.8 所示。传说古波斯王有一次外出打仗，命令手下将士守桥 60 天。为了让将士们不少守一天也不多守一天，波斯王在一根长长的皮条上系了 60 个扣。他对守桥的官兵说："我走后你们一天解一个扣，什么时候解完了，你们就可以回家了。"

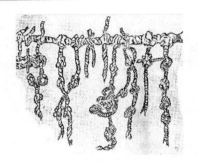

图 1.7　结绳示意　　　　　　　　　　　图 1.8　"数"的甲骨文表示

2. 算筹

从现存文献和出土文物来看，算筹是春秋战国时期的主要计算工具。算筹通常是用木、竹、骨等材料制成的横截面为圆形、方形或三角形的小棍，如图 1.9 所示。《孙子算经》是目前已知的最早记载算筹记数规则的著作。算筹的摆放方式分为横式和纵式两种，不同的摆放方式表示不同的数字，如图 1.10 所示。算筹记数制十分明确地体现了十进制记数法，便利简洁。

图 1.9　算筹示意　　　　　　　　　图 1.10　古代算筹记数的摆法

与当时的其他记数法相比，算筹具有极大的优越性。按照纵横相间的摆放原则可以表示任意自然数，从而进行加、减、乘、除运算。用算筹进行加、减运算比较简单。进行加法运算时，将加数和被加数分别摆在两行上，接着从高位开始，从左向右依次计算各位数值的相加结果。这和现在流行的笔算恰好相反，笔算是从低位开始，从右向左依次计算。减法运算与加法运算类似。负数出现后，算筹分为红黑两种。魏晋数学家刘徽在《九章算术》里写到："正算赤，负算黑，否则以邪正为异。"也就是说红筹表示正数，黑筹表示负数，如果黑色的算筹不够用，就用斜放的算筹表示负数。北宋著名科学家沈括在《梦溪笔谈》卷八中曾写到："算法用赤筹、黑筹，以别正负之数。"《汉书·律历志》中记载："其算法用竹，径一分，长六寸，二百七十一枚而成六觚，为一握。"这说明在西汉时算筹一般用圆形的竹棍，通常把二百七十一枚筹捆成六角形的捆。到了隋朝，算筹渐渐变得短小，造型由圆柱形变成了棱柱形，使用三棱的算筹表示正数，四棱的算筹表示负数。

3. 算盘

随着商业贸易的不断发展，需要计算的数据越来越多，为了提升运算速度并解决携带方便等问题，人们对算筹进行了改进，算盘由此产生。制造算盘的材质多种多样，有铜的、金的、玉的等，最常见的是竹木的，如图 1.11 和图 1.12 所示。它结合了十进制计数法，可以进行加、减、乘、除运算。算盘上粒粒算珠的上下移动，可以使计算者直观地看到加、减、乘、除运算的过程。时至今日，用算盘计算加、减运算的速度毫不逊色于计算器。算珠互相碰撞及算珠与横档碰撞发出的有节奏的声音，形成一首美妙的"计算进行曲"。

图 1.11　金属算盘　　　　　　　　　图 1.12　木质算盘

珠算是以算盘为工具进行数字计算的一种方法，被誉为"中国第五大发明"。2013 年 12 月，联合国教科文组织宣布，中国珠算正式成为人类非物质文化遗产。由于用算盘计算有这么多的优点，目前这个计算工具在世界各地仍得到广泛应用。在受中国文化影响比较深的日本，珠算技术的传授及普及教育一直受到重视。日本的小学生把读书、写字、打算盘列为三大基本功，日本的珠算教育在世界上处于领先地位。远在南美洲的巴西也成立了珠算联盟，每年都会举办珠算大赛。北美洲的墨西哥建有全国珠算支部，美国建有珠算教育中心。

1.2.2　机械计算

1. 加法机

法国人布莱士·帕斯卡于 1645 年制造出了一种机械式加法机，它是世界上第一台机械式数字计算机，如图 1.13 所示。帕斯卡聪颖博学，在数学、物理等领域都做出了杰出的贡献，比如物理学中流体对压强的传递原理（帕斯卡定理）就是他发现的。在帕斯卡的众多成果中，最让他感到满意和自豪的还是这台加法机。因为它不但实现了帕斯卡童年的梦想，而且这种计算器所进行的工作接近人类的思维。试图用机械来模拟人的思维，也许是行不通的，然而这种想法正是现代计算机发展的出发点，帕斯卡对计算机的发展做出了突出贡献。

图 1.13　帕斯卡加法机

帕斯卡加法机的用户界面由输入轮、补码的内轮、两个相邻辐条的标注以及系数轮这 4 部分组成。从图 1.13 中可以看到，在加法器上方有一排窗口，每一个窗口下都对应一个刻着 0～9 这 10 个数字的拨盘，拨盘通过盒子内部的齿轮相互咬合。最右侧的窗口代表个位，与之对应的齿轮转动 10 圈，紧挨近它的代表十位的齿轮才能转动一圈，以此类推。在进行加法运算时，每一拨盘都要手动置 0，即先拨到"0"的位置，这样每一窗口都显示"0"，然后拨被加数，再拨加数，窗口就显示出和数。在进行减法运算时，先要把计算器上面的金属直尺往前推，盖住上面的加法窗口，露出减法窗口，接着拨被减数，再拨减数，差值就自动显示在窗口上。

2．差分机

在那个没有计算器和计算机的时代，最快的计算方式是查表。但是人工制表费时费力，并且难免有计算错误、抄写错误、校对错误、印制错误等各种各样的问题存在。查尔斯·巴贝奇（Charles Babbage）在剑桥求学时，发现了这个现象，于是就将改善制表时的各种问题当作了毕生的志愿。1822 年，他成功研制出第一台差分机模型，如图 1.14 所示。该模型不仅能够按照设计者的意愿，自动处理不同函数的计算过程，还能提高乘法速度、改进对数表等数字表的精确度。

图 1.14　差分机

差分机又称作差分引擎，差分机其实可以理解为一台多项式求值机，只要将欲求解的一元多次方程式输入机器里，机器每运转一轮，就能产生出一个值。假设我们使用差分机求解 $F(x)=x^2+4$ 的值，机器输出的结果就是 $F(1) = 5$，$F(2) = 8$，$F(3) = 13$，$F(4) =20$，…，直到系统停止。

3．分析机

1834 年，查尔斯·巴贝奇成功设计出了分析机引擎，如图 1.15 所示。与差分机不同的是，它的机械结构被拆分成了计算单元和存储单元这两部分，其中计算单元不但内建四则运算，而且可以存储 4 组不同的运算方程式，用穿孔卡片加载到机器里，最后的结果可以选择印刷、打卡、绘图等多种输出方式。从某些方面来说，其计算、存储、I/O 三者相分离的设计和今天的计算机并无区别。但遗憾的是，分析机引擎只停留在了设计阶段，并没有研制出实体机。

图 1.15　分析机

提到分析机还不得不提一个人，那就是阿达·洛芙莱斯（Ada Lovelace）。阿达是英国著名诗人拜伦之女、巴贝奇的好朋友兼合作伙伴，阿达写了有关分析机的文章，将巴贝奇的一些具体的观点发展成更加抽象的概念，在通用计算方面做出了不可小觑的贡献。阿达在她的笔记中曾说过："无论如何编程，分析机都不能自己做出决策。它只能完成我们让它做的事情，只能协助证明我们已经懂得的东西。"阿达的观点和传统的编程观点不谋而合：工程师通过编程只能做我们已经知道如何去做的工作。阿达的笔记中最经典的部分就是她在巴贝奇分析机上设计的求解伯努利方程的一个程序，并证明当时巴贝奇的分析器可以用于许多问题的求解。她甚至还建立了循环和子程序的概念。由于她在程序设计上的开创性工作，阿达被称为世界上第一位程序员，她设计的求解伯努利方程的程序也被看作世界上第一个程序。

1.2.3 电子计算

1. 第一代电子管计算机

电子管计算机的主要特征是采用电子管元件作为基本器件，用光屏管或汞时延电路作为存储器，输入与输出主要采用穿孔卡片或纸带，存在体积大、存储容量小、可维护性差等缺陷。这一时期计算机的主要用途是进行科学计算，具有代表性的机器有阿塔纳索夫-贝瑞计算机、电子数字积分计算机（Electronic Numerical and Calculator，ENIAC）等。

阿塔纳索夫-贝瑞计算机是约翰·文森特·阿塔纳索夫（John Vincent Atanasoff）和克利福特·贝瑞（Clifford Berry）在 1942 年设计完成的，如图 1.16 所示。它是世界上第一台电子计算机，虽然只可用于求解线性方程组问题，但是却标志着计算机从模拟时代向数字时代的转变。

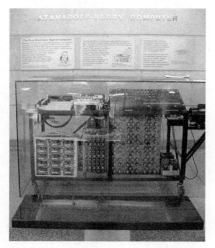

图 1.16　阿塔纳索夫-贝瑞计算机模型

阿塔纳索夫曾是美国爱荷华州立大学的物理兼数学教授，20 世纪 30 年代中期，由于课题需要完成大量的计算，而现有计算工具难以满足需要，因此阿塔纳索夫产生了研制计算机的念头，想以此来提高计算速度。他曾经尝试用一个公共轴驱动将 30 台门罗计算器（机械计算机的一种）连接起来，但这样做并没有将计算速度提高多少，而且这种方法的缺陷是存在很大的误差率。在这段时间内，他几乎把当时可用的各种计算工具（如机械式和机电式计算器、穿孔卡片计算机、微分分析器）都尝试了个遍也没有找到最理想的解决方法。但他始终没有放弃，直到 1937 年的冬天，他在一个小酒馆内吃饭时突然找到了创造灵感。首先是使用二进制进行计算，这样可以让机器更加准确地工作。但是二进制的存储是一个问题，存储这些 0、1 数值需要使用大量的电子管，当时电子管的价格十分昂贵，仅数字寄存器这一项所需的费用就超过了 2 000 美元，大大超出了预算，因此他不得不考虑用廉价的物品来替代电子管。他想到了价格低廉的电容，用电容的充电和未充电状态来表示 0 和 1。他飞速地将思路记录到餐馆提供的纸巾上，接着画出了一个粗陋的电容滚筒，这种滚筒看上去类似于自行车链条驱动系统。正是这个灵感，使通过建立一种能直接处理两个二进制数的电路，就可以电子化地计算出结果成为可能。

有了最初的设计思想还需要进一步实施，阿塔纳索夫和他的助手克利福特·贝瑞经过几年的不懈努力，于 1942 年顺利研制成计算机，阿塔纳索夫将其命名为 Atanasoff-Berry Computer，用以纪念他和贝瑞的合作成果以及贝瑞在此过程中的突出贡献。

1946 年 2 月 14 日，美国宾夕法尼亚大学以莫奇利（Mauchiy）和埃克特（Eckert）为首的项目组对外宣布成功研制了世界上第一台通用计算机——ENIAC，如图 1.17 所示。它也是继阿塔纳索夫–贝瑞计算机之后的第二台电子计算机，在计算机发展史上具有极其重大的意义，标志着电子计算机时代的到来。

图 1.17　ENIAC

最初研制 ENIAC 是为了战争需要。当时美国阿伯丁弹道研究室计算射程表，每天计算 6 张，每张都要计算几百条弹道，而每条弹道的数学模型都是一组非常复杂的非线性方程组。在战争年代，时间就是胜利，为了能够实现快速计算，在美国军方的支持下，当时在宾夕法尼亚大学莫尔电机工程学院的莫奇利带领他的项目组成员埃克特等开始了电子计算机的研制工作。在研究过程中，著名数学家冯·诺依曼加入了研制小组并对计算机中许多关键性问题的解决做出了巨大的贡献。

经过两年多的艰苦奋斗，1946 年 ENIAC 正式诞生，其长 30.48 m，宽 6 m，高 2.4 m，占地面积约 170 m^2，共有 30 个操作台，包含 17 468 根真空管，7 200 根晶体二极管，耗电量 150 kW·h，造价 48 万美元。在 ENIAC 诞生前，使用微分机计算 60 s 射程弹道轨迹需要 20 min，现在使用 ENIAC 只要 30 s 就可以完成。埃克特曾在一次专访中透露，ENIAC 第一次真正被使用是"氢弹之父"爱德华·泰勒利用其完成氢弹研制过程中的计算工作。由于冯·诺依曼参与了"曼哈顿计划"，因此 ENIAC 还曾用于计算第一颗原子弹的关键方程的解。宾夕法尼亚大学为了纪念 ENIAC 的诞生在校园内建造了标示牌，如图 1.18 所示。

图 1.18　校园内的标示牌

你可能会觉得奇怪，因为从初高中的记忆来看 ENIAC 才是世界上第一台电子计算机，怎么这里却说阿塔纳索夫–贝瑞计算机是电子计算机的鼻祖呢？其实关于谁是世界上第一台电子计算机的争论持续了很长的时间，直到 1973 年 10 月，明尼苏达州一家地方法院在经过 135 次开庭审理的漫长过程后，才宣判世界上第一台电子计算机是阿塔纳索夫–贝瑞计算机，而不是 ENIAC。因为早在 1941 年莫奇利就到阿塔纳索夫所在的爱荷华州立大学参观过阿塔纳索夫–贝瑞计算机，并且阿塔纳索夫还为他就机器进行了详细的讲解，莫奇利和埃克特在研制 ENIAC 时借鉴了阿塔纳索夫–贝瑞计算机的主要设计思想，所以判定莫奇利和埃克特的专利无效。因此现在公认的世界上第一台电子计算机是阿塔纳索夫–贝瑞计算机。

2. 第二代晶体管计算机

说到晶体管，首先想到的应该是被誉为晶体管之父的威廉·肖克利（William Shockley）。

其实晶体管并不是肖克利发明的。1945 年，肖克利在经过多次尝试后始终没有成功研制出半导体晶体管，于是他将这项研究工作交给了同在贝尔实验室的同事约翰·巴丁（John Bardeen）和瓦尔特·布拉顿（Walter Brattain）。这两个人经过两年多紧张的工作，终于在 1947 年 12 月成功构造出了世界上第一个半导体晶体管。肖克利在为两人感到高兴的同时也为自己没有亲眼见证晶体管的发明过程而深感遗憾。他在半导体晶体管的基础上进行了研究和改进，不久成功研制了一种性能更高、实用性更强的半导体三极管。由于具有良好的性能，因此很多年后肖克利设计的晶体管一直拥有很高的市场占有率。

晶体管由于体积小、重量轻、效率高、发热少的特点得到了科学家的青睐，因此促使计算机的发展产生了根本性的变化。随着 20 世纪 50 年代晶体管的产生，此时的计算机开始使用晶体管作为计算机的基本器件而不再使用原来的电子管，并使用磁芯或磁鼓作为存储器，整体性能较第一代计算机有了很大提高。该阶段的计算机除了用于科学计算外，还可以进行数据处理、过程控制等操作，具有典型特点的机器有 UNIVAC-1、IBM 701、TRADIC、IBM 1401 等。

UNIVAC-1 是 1951 年由莫奇利和埃克特研发的第一台商用计算机，该机器被美国人口普查局用于人口普查，标志着计算机进入商业应用时代。

1953 年 4 月，IBM 正式对外发布自己的第一台电子计算机 IBM 701，如图 1.19 所示。它是 IBM 第一台商用科学计算机，也是第一款批量制造的大型计算机，还是世界上一个里程碑式的产品。

图 1.19　IBM 701

TRADIC 是 1954 年由贝尔实验室成功研发的世界上第一台全晶体管计算机，如图 1.20 所示，该计算机由 800 只晶体管组装完成。

图 1.20　TRADIC

1958 年，IBM 1401 研制成功。IBM 公司宣称这是第一台低价通用性计算机，用户可以租用机器。它也是当时最容易编程的机器，在易用性方面有了很大改进。

3. 第三代集成电路计算机

第三代计算机的发展建立在集成电路技术的基础之上，其硬件的各个组成部分，从微处理器、存储器到输入/输出设备，都应用了集成电路技术。同晶体管计算机相比，集成电路计算机具有体积小、价格低、高可靠、速度快的优势，具有典型特点的机器有 IBM System/360，如图 1.21 所示。

图 1.21　IBM System/360

20 世纪 60 年代左右，IBM 公司已经成为计算机界的翘楚，公司营业额稳步上升，并且成功实现了从真空管向晶体管的过渡。时任 IBM 公司总裁的小托马斯·沃森并没有因为眼前的繁荣而懈怠，他发现了隐藏的危机。公司当时在售的几款计算机基本上存在一个共性问题，那就是这些计算机互不相干，它们具有不同的内部结构、处理器、程序设计软件和外部设备。其实不只是 IBM 公司，当时计算机行业基本上都存在这一普遍问题。由于这种原因，沃森经常会收到用户的抱怨，每次用户因为业务需要更换计算机都是一件非常麻烦的事，不仅要更换计算机本身，也要更换外部设备，并且还需要重新编写程序，移植过程耗费了大量的人力和时间。为了解决这一问题，沃森找来负责开发和生产的副总裁文森·利尔森，让他全权负责此事。利尔森就该问题和公司的主要技术骨干进行讨论研究，一部分研究人员提出了一种计算机家族的概念。为了实现该方案，利尔森从核心技术组中抽调了 13 人专门研究该方案，经过两个月的紧张工作，"处理机产品——SPREAD 工作组的最后报告"终于在 1961 年 12 月 28 日诞生了，这就是 IBM System/360 的总体设计方案。除了具有良好的通用性外，IBM System/360 的另一个显著特点是该家族的所有计算机系统都具有相同的体系结构和相同标准的指令系统、地址格式、数据格式和外部设备接口。当用户因业务需要更换计算机时，应用程序和外部设备不需要做任何变动，节省了大量时间，大大提高了工作效率。

1964 年 4 月，IBM 公司成功研制了世界上第一台采用集成电路技术设计的通用计算机 IBM System/360，它可以同时实现科学计算和事务处理两个方面的应用。IBM System/360 系列是最早采用集成电路技术的通用计算机系列，开创了民用计算机使用集成电路的先例，标志着计算机由此进入集成电路计算机时代。IBM System/360 是第三代集成电路计算机的里程碑产品。

IBM System/360 系列推出后获得了巨大的成功。1966 年，IBM System/360 系列计算机销售量达 8 000 多台，IBM System/360 系列为 IBM 公司的成功做出了很大的贡献。

4. 第四代大规模集成电路计算机

第四代计算机仍然使用集成电路作为基础元件，但是与第三代计算机不同的是，它使用的集成电路有了较大改善，使用的晶体管数量也上升到几十万甚至上百万个，因此称第四代计算机为大规模和超大规模集成电路计算机。第四代计算机的另一个重要特点是在大规模和超大规模集成电路的基础上，微处理器和微型计算机得到了快速发展。

1971 年，英特尔（Intel）公司研制出世界上第一个微处理器 Intel 4004，如图 1.22 所示。它利用大规模集成电路将运算器和控制器做到一块芯片上，虽然字长只有 4 位，并且功能还有待完善，但是它却是第四代计算机在微型处理器方面发展的先锋，为以后计算机的发展指明了方向。1971 年，Intel 公司研制出 MCS4 微型计算机，其采用 Intel 4040 处理器，是世界上第一台 4 位微型计算机。

图 1.22　Intel 4004

1972 年，世界上第一台 8 位微处理器问世，该处理器是由 Intel 公司研发的，命名为 Intel 8008。它的产生促使众多厂商相继开始研发相应产品，微处理器得到了蓬勃发展，后来又接连出现了 Intel 8080、Motorola 6800、ZILOG Z-80 等产品。1975 年 1 月，美国 MITS 公司成功研制了首台通用型 Altair 8800 计算机，它采用了 Intel 8080 微处理器，是世界上第一台 8 位微型计算机，如图 1.23 所示。

图 1.23　Altair 8800 计算机

1978 年，Intel 公司率先推出了 16 位微处理器 Intel 8086，如图 1.24 所示。计算机的发展进入了一个新高峰，随后产生的比较有代表性的处理器包括 ZILOG 公司研制的 Z-8000 和 Motorola 公司研制的 MC68000。该阶段具有代表性的微型计算机是苹果公司的 Macintosh 和 IBM 公司的 AT286。

图 1.24　Intel 8086

1985 年，Intel 公司成功研制出了 32 位微处理器 Intel 80386DX（简称 Intel 80386），如图 1.25 所示，标志着计算机从 16 位时代进入 32 位时代。386、486 是微型计算机的初期产品。由于 32 位微处理器的强大运算能力，微型计算机被应用到商业办公、工程设计、数据处理、个人娱乐等多个领域。Intel 80386 使 32 位 CPU 成为微型计算机的工业标准。

图 1.25　Intel 80386

1.3　电子计算机的分类

1.3.1　分类依据与方法

计算机的分类方法有很多种，人们根据不同的侧重点，可以对计算机进行以下分类。

1. 按照处理的信号将计算机划分为数字计算机和模拟计算机

数字计算机使用的基本运算部件是数字逻辑电路，电路处理的是按脉冲的有无、电压的高低等形式表示的离散物理信号，该离散信号可以用 0 和 1 组成的二进制数字表示。该种计算机的优势在于计算精度高、速度快、存储量大、通用性强、抗干扰能力强，可以被用于科学计算、信息处理、实时控制、智能模拟等领域。

模拟计算机是用连续变化的模拟量来表示信息，基本运算部件由运算放大器构成的微分器、积分器、通用函数运算器等运算电路组成。模拟计算机虽然运算速度较快，但是由于精度低、通用性较差、抗干扰能力差、应用面窄，已基本被数字计算机替代。

2. 按照用途和硬件的组合将数字计算机划分为通用计算机和专用计算机

通用计算机顾名思义就是一种带有通用外部设备，具有较快的运算速度、较大的存储容量，通用性较强的计算机。通用计算机硬件系统是标准的，并具有扩展性，装上不同的软件就可以做不同的工作。它可以进行科学计算，也可用于信息处理，如果在扩展槽中插入相关的硬件，还可实现数据采集、完成实时测控等任务。这类计算机的通用性强、应用范围广。

专用计算机一般是为了解决某一个或者某一类问题而设计的计算机，软硬件全部根据应用系统的要求配置。这种计算机从功能上来看比较单一，但是具有速度快、可靠性高的特点。如输入/输出处理器、数字信号处理器（Digital Signal Processor，DSP）等都属于专用计算机。

3. 按照规模和处理能力将通用计算机划分为微型计算机、工作站、小型计算机、大型主机、小巨型计算机、巨型计算机

按照规模和处理能力来划分计算机种类，主要划分依据包括机器体积、操作性、能量消耗、运算速率、数据存储容量、指令系统规模和机器价格等，层次分类如图 1.26 所示。

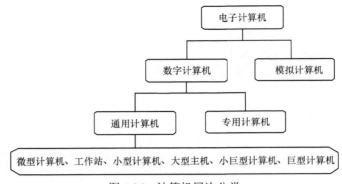

图 1.26　计算机层次分类

微型计算机是由大规模集成电路组成的体积较小的电子计算机，通常由微处理器、内存储器、输入/输出接口和相应辅助电路构成。微型计算机具有体积小、灵活性大、价格便宜、使用方便的特点。

工作站是一种介于微型计算机和小型计算机之间的高端通用微型计算机，可以在图形处理方面为用户提供比微型计算机更强大的性能，并具有较强的网络通信功能，通常会配有多屏显示器以及大容量存储器。需要注意的是，网络系统中的用户节点计算机也称为工作站，但与这里提到的工作站是完全不同的概念，应注意区分。

小型计算机使用的是精简的指令集处理器，与大型主机和巨型计算机相比，小型计算机具有结构简单、成本较低、易于维护和使用的优点，通常在中小型单位使用，多运行 Unix 操作系统。

大型主机具有大容量存储器、多种类型的 I/O 通道，能同时支持批处理和分时处理等多种工作方式。其规模按照满足一个大中型部门的工作需要进行设计和配置，相当于一个计算中心所要求的条件。

小巨型计算机也称作桌上型超级计算机。与巨型计算机相比，小巨型计算机最大的特点是价格便宜，具有更好的性能价格比。

巨型计算机也称作超级计算机。它是计算机中性能最强、运算速度最快、存储容量最大，但价格也最昂贵的一类计算机，主要用于国家高科技领域的尖端技术研究。生产这类计算机的能力可以体现一个国家的计算机科学水平。我国是世界上能够生产巨型计算机的少数几个国家之一。

1.3.2　微型计算机

微型计算机是发展最快、普及最广泛的一类电子计算机。它以微处理器为基础，由内存储器、输入/输出接口和相应的辅助电路构成，具有体积小、消耗低、灵活易用、价格便宜等特点。

1971 年，MCS4 微型计算机由 Intel 公司成功研制，其采用了微处理器芯片 Intel 4040，是世界上第一台 4 位微型计算机。

MITS 是一家由美国空军退伍工程师爱德华·罗伯茨创建的公司，主要生产各种电子部件和相关设备。创办初期推出的手持计算器以低廉的价格赢得市场好评，后来由于竞争公司数量增加，MITS 的销售额受到很大影响。1974 年，为了摆脱困境，罗伯茨想到创造一种价格便宜、人人都能使用的计算机。随着计算机爱好者数量不断增加，每个人都渴望拥有一台计算机，而当时市场上还没有此类产品，罗伯茨看到了巨大的商机，开始了个人计算机的研发工作。为了节省时间和成本，罗伯茨尽量使用现成的元件，产品并不是一台完整的计算机，而是一套零部件，需要用户自行组装。产品简单到不能再简单，罗伯茨把那些不是必要的产品特征都去掉了，比如键盘、显示器、软盘等。1975 年 1 月，MITS 公司成功研制了首台通用型 Altair 8800 计算机，它采用了 Intel 8080 微处理器，是世界上第一台 8 位微型计算机。虽然这台微型计算机的设计比较简单，但是在当时它具有两个闪光点，首先是价格便宜，该款计算机的售价不到 500 美元，其他大公司生产的类似产品价格高达 5 万美元左右。其次是具有可扩展能力，用户可以根据需求增加内存或外部设备。该款计算机在通过《电子科普》杂志宣传后，每天都能收到大约 200 张订单，更有一些用户为了早日得到自己的微型计算机搬到 MITS 公司附近，等待自己的计算机诞生。

1975 年，保罗·艾伦在看到《电子科普》上关于 Altair 8800 的介绍后，马上找来了他的好朋友比尔·盖茨，因为 Altair 8800 跟他们之前想到的计算机的样子很像，由于当时 Altair 8800 还没有软件，于是两人决定为其编写 BASIC 软件。当时两人并没有 Altair 8800 计算机，所以就先在一台小型计算机上开发一个模拟程序，经过一个多月的艰苦工作，两人终于顺利开发出了一款适用于 Altair 8800 的 BASIC 解释器软件，用户可以很方便地使用该软件为 Altair 8800 编写其他应用程序。艾伦在 MITS 公司的演示一切顺利，罗伯茨很满意两人的成果，决定和两人签约，让他们负责 MITS 公司正式版 BASIC 软件的研发工作。同年 4 月，两人在阿伯克创建了一个小公司，这个公司就是微软公司。

为了给 Altair 8800 计算机找到应用，一些电脑爱好者在硅谷成立了一个家酿计算机俱乐部，并约定每周三在斯坦福线性加速器中心的报告厅讨论分享各自的成果。俱乐部有两个经常出席的成员——史蒂夫·乔布斯和史蒂夫·沃兹尼亚克，他们的目标是建造一个完整的计算机系统，可以让软件爱好者直接在计算机上编写软件。每过一段时间，乔布斯和沃兹尼亚克就会把微型计算机的半成品搬到俱乐部让其他成员试用并提出意见，经过不断改进，微型计算机的功能日趋完善。1976 年，乔布斯和沃兹尼亚克在乔布斯家的车库里创建了苹果计算机公司，并将之前的设计形成产品，命名为 Apple-I。这台计算机拥有类似打字机的外观，可以连接电视机输出图像。这款计算机售价 666 美元，一共销售了 175 台。

为了扩大公司销售量，沃兹尼亚克开始设计新的产品，而乔布斯负责寻找投资者，他先后找到了惠普和 Intel 公司，但都遭到了拒绝，几经碰壁之后他终于找到了愿意投资的人——原 Intel 市场主管马库拉，他愿意投资 9 万美元。1977 年，乔布斯带着 Apple-II 计算机参加了西海岸计算机大展，Apple-II 使用的是装配好的系统，处理器、内存、软盘驱动器、键盘、扬声器、彩色显示电路都集成在一个主机系统里，用户只需要连接显示器或电视机就可以直接使用。Apple-II 在展会上受到广泛关注，但是由于价格高昂、缺少特色应用，其销量跟乔布斯的设想还有差距。布瑞克林针对 Apple-II 设计了一种表格计算软件 VisiCalc。1980 年，许多大型企业开始大规模地使用苹果机和 VisiCalc 软件来处理业务。1981 年，苹果公司全年共销售了 Apple-II 计算机 30 万台。

世界微型计算机市场快速蓬勃发展。1980 年，世界微型计算机市场销售额已经达到 10 亿美元，巨大的利润引起了 IBM 公司的关注，于是 IBM 开始计划推出价格低廉的微型计算机产品。为了节省成本，IBM 公司使用 Intel 8088 处理器芯片，因为它只提供 8 根数据线。由于 IBM 公司与 CP/M 操作系统的拥有者加里·基尔达尔未能达成使用协议，操作系统的选择陷入僵局，此时比尔·盖茨主动找到了 IBM 公司，提出微软可以提供与 CP/M 类似的操作系统。其实此时微软并没有操作系统产品，他们买断了与 CP/M 类似的操作系统 Q-DOS，并将其改名为 MS-DOS，使其变成了微软的产品，于是顺利地和 IBM 公司签约。1981 年 8 月，IBM 推出了该公司的首台个人计算机 IBM 5150，迅速得到了市场的认可。截止到 1984 年，IBM 公司共卖出了 200 多万台个人计算机，占据了 50% 以上的微型计算机市场。IBM 5150 是世界上首次明确个人计算机的开放式业界标准的计算机，如图 1.27 所示。它允许任何人及厂商进入个人计算机市场，这对于个人计算机未来的发展具有极其重要的意义，个人计算机新生市场由此诞生。

图 1.27　IBM 5150 个人计算机

1984 年 1 月，苹果公司发布 Apple Macintosh 个人计算机，如图 1.28 所示。该款机器使用了革命性的图形操作系统，这使它成为计算机发展史上里程碑级的产品，创造了 10 天销售 5 万台的优异成绩。

图 1.28　Apple Macintosh 个人计算机

微型计算机发展迅速，产品呈现多样化发展趋势。通常可以将微型计算机分为个人计算机、网络计算机、工业控制计算机、嵌入式计算机 4 类，如图 1.29 所示。个人计算机包括台式机、电脑一体机、笔记本电脑、掌上电脑、平板电脑。网络计算机包括服务器、工作站、集线器、交换机、路由器。工业控制计算机包括 PC 总线工业电脑、可编程控制系统、分散型控制系统、现场总线系统及数控系统。嵌入式计算机包括多媒体播放器、数字电视、空调、微波炉等电器设备。

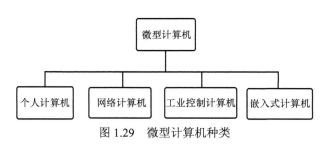

图 1.29　微型计算机种类

1.3.3　超级计算机

超级计算（Super Computing）这个词首次出现在 1929 年《纽约世界报》关于"IBM 为哥伦比亚大学建造大型报表机"的报道中。它由数百、数千甚至更多的处理器组成，能够计算普通计算机和服务器不能完成的大型、复杂、国家高科技领域课题。

1964 年，西摩·克雷团队研制出了世界上第一台超级计算机 CDC 6600，如图 1.30 所示。它使用了西摩·克雷团队研发的 RISC 指令集，运算速度为每秒 100 万次浮点运算。西摩·克雷因此被称为超级计算机之父。1976 年，美国克雷公司推出了世界上首台商业成功的超级计算机 Cray-1，运算速度达到每秒 2.5 亿次浮点运算。2008 年，全球第一台突破每秒运算 1 000 万亿次浮点运算的超级计算机由 IBM 研制成功，并命名为走鹃，如图 1.31 所示。

图 1.30　世界上首台超级计算机 CDC 6600

图 1.31　IBM 走鹃

2019 年 11 月，国际超级计算机大会公布了超级计算机 500 强的最新榜单，美国橡树岭国家实验室的顶点（Summit）以每秒 14.86 亿亿次的浮点运算速度位列榜首，如图 1.32 所示。排名第二的超级计算机是美国劳伦斯利弗莫尔国家实验室的山脊（Sierra），如图 1.33 所示。中国超级计算机神威·太湖之光、天河二号和美国得克萨斯高级计算中心的超级计算机 Frontera 分别位列榜单第三至第五，如图 1.34～图 1.36 所示。

图 1.32　超级计算机顶点

图 1.33　超级计算机山脊

图 1.34　超级计算机神威·太湖之光

图 1.35　超级计算机天河二号

图 1.36　超级计算机 Frontera

　　中国则继续扩大数量上的领先优势，在总算力上与美国的差距进一步缩小。本次榜单显示，中国境内有 228 台超级计算机上榜，在上榜数量上蝉联第一，比半年前增加 9 台。美国以 117 台位列第二，日本、法国、德国、荷兰、爱尔兰、英国等也分别有两位数的超级计算机入围本次 500 强榜单。

1.3.4　摩尔定律

　　1965 年 4 月，Intel 公司创始人之一戈登·摩尔在 *Electronics Magazine* 上发表了一篇名为"让集成电路填满更多的组件"的评论报告。摩尔对未来 10 年间的半导体元件工业的发展趋势作出预言。据他推算，到 1975 年，在面积仅为四分之一平方英寸（即 161.29 平方毫米）的单块硅芯片上，将有可能密集 65 000 个元件。摩尔根据器件的复杂性（电路密度提高而价格降低）和时间之间的线性关系做出了上述推断，他的原话是这样的："最低元件价格下的复杂性每年大约增加一倍。可以确信，短期内这一增长率会继续保持。即便不是有所加快的话。而在更长时期内的增长率应是略有波动，尽管没有充分的理由来证明，这一增长率至少在未来 10 年内几乎维持为一个常数。"这就是摩尔定律（Moore's Law）的最初原型。1975 年，摩尔在提交到 IEEE 会议的论文中对摩尔定律的内容做出了部分修改，将原来的每年增加一倍改为每两年增加一倍。

其实摩尔的发现不基于任何特定的科学或工程理论，它只是对真实情况的总结。硅芯片行业注意到了这个定律，并且没有简单地把它当作一个描述的、预言性质的观察，而是作为一个说明性的、重要的规则，这成为整个行业努力的目标。摩尔当初预测这个假设只能维持 10 年左右的时间。然而，芯片制造技术的进步让摩尔定律已经持续了近 50 年。2016 年 2 月，一篇刊登在全球著名学术杂志 *Nature* 上的文章指出，即将出版的国际半导体技术路线图将不再以摩尔定律为目标，而是采取一种叫作"新摩尔"的方法。这意味着摩尔定律在芯片行业近 50 年来创造的神话终究还是被打破了。

1.4　计算机体系结构

1.4.1　冯·诺依曼式计算机

冯·诺依曼是近代最伟大的科学全才之一，他在数学、核武器、博弈论、现代计算机等诸多领域都做出巨大贡献。他开创了冯·诺依曼代数；为二战期间第一颗原子弹的研制做出了巨大贡献；和摩根斯特恩合著了博弈论学科的奠基性著作《博弈论与经济行为》，被誉为"博弈论之父"；编写了对人脑和计算机系统进行精确分析的著作《计算机与人脑》；为研制电子数字计算机提供了基础性的方案。

1944 年夏天，冯·诺依曼和美军军械部弹道实验室的赫尔曼·哥尔斯廷相遇。哥尔斯廷告诉冯·诺依曼他正在研制一台每秒能进行 333 次乘法运算的电子计算机时，冯·诺依曼对此产生浓厚兴趣，不久后冯·诺依曼赶到宾夕法尼亚大学的莫尔学院，参观哥尔斯廷提到的那台机器。

二战中，宾夕法尼亚大学莫尔学院电子系和阿伯丁弹道研究实验室共同负责每天为陆军提供 6 张火力表。任务艰难而紧迫，因为每张表都要计算几百条弹道，而一个熟练的计算员计算一条飞行时间为 60 s 的弹道要花 20 h。尽管他们改进了微分分析仪，聘用了 200 多名计算员，一张火力表仍要算两三个月。当时负责该项工作的军方代表正是哥尔斯廷。为了解决这个问题，莫奇利提出了 ENIAC 的初始方案，并和埃克特等成立了专门的研制小组，哥尔斯廷任军方负责人。

不久之后，冯·诺依曼在哥尔斯廷介绍下加入 ENIAC 研制小组，并对 ENIAC 的设计提出建议，在该研制组工作时冯·诺依曼发现，ENIAC 是按照专用计算机来设计的，无法进行其他计算，于是和莫奇利、埃克特一起提出了一种全新的计算机设计方案——电子离散变量自动计算机（Electronic Discrete Variable Automatic Computer，EDVAC）。1945 年 6 月，冯·诺依曼与戈德斯坦、勃克斯等联名发表了一篇长达 101 页的报告，即计算机史上著名的"关于 EDVAC 的报告草案"，是现代计算学科发展里程碑式的文献。其中明确规定了用二进制代替十进制运算，将计算机分成五大组件，并首次提出了存储程序的概念。这一卓越的思想为电子计算机的逻辑结构设计奠定了基础，已成为计算机设计的基本原则，至今仍为电子计算机设计者遵循。

最后，冯·诺依曼离开了 ENIAC 研制小组，回到普林斯顿高等研究院，在 EDVAC 的基础上做了部分改进，提出了一个更加完善的设计报告——电子计算机逻辑设计初探。1946 年 6 月，设计方案提出后，冯·诺依曼把副本送给洛斯阿拉莫斯国家实验室、伊利诺伊大学、橡树岭国家实验室、美国阿贡国家实验室和兰德公司等著名的科研机构，为日后这些机构构造用于科学计算的电脑做准备。经过 6 年的努力，阿艾斯机（IAS）在 1952 年 6 月 10 日正式建成。它只有 2 300 个电子管，长约 1.8 m、高约 2.4 m、宽约 0.6 m，是同期中最小而运算能力最强的计算机。在调试阶段，研制小组做过一次著名的试验，每天 24 小时且不间断运行 60 天。这台计算机对当时氢弹设计中的大量关键数据进行处理，为氢弹的研制立下汗马功劳。鉴于冯·诺依曼在发明电子计算机中所起的关键性作用，他被后人誉为"现代计算机之父"。

"关于 EDVAC 的报告草案"中提出的体系结构一直延续至今，也就是著名的冯·诺依曼体系结构。该草案中指出计算机的体系结构具有以下特点。

1．采用二进制形式表示数据和指令

冯·诺依曼体系结构的设计思想之一是使用二进制代替十进制。他根据电子元件的双稳特性，建议在电子计算机中采用二进制，这使计算机能够更容易地实现数值计算。

2．采用存储程序和程序控制方式

1946 年，冯·诺依曼首次提出了存储程序的概念，这是现代计算机的理论基础。存储程序要求应事先编写好程序并将其在存储器中保管，计算机的工作过程就是运行程序的过程。

3．计算机系统由存储器、运算器、控制器、输入设备、输出设备 5 部分组成

存储器的主要功能是存储程序和数据，并能在计算机运行过程中高速、自动地完成程序或数据的存取。在存储器中，程序和数据都是以二进制代码的形式加以存放的。

运算器的主要功能是进行算术运算、逻辑运算、数据传送等处理操作。

控制器的主要功能是控制程序的执行，是计算机的指挥部。控制器会根据存放在存储器中的指令序列（程序）进行工作，并由一个程序计数器控制指令的执行。控制器具有判断能力，能根据计算结果选择不同的工作流程。运算器和控制器都是构成中央处理器（CPU）的核心部件。

输入设备的主要功能是将程序和数据输入计算机，常见的输入设备有键盘、鼠标。

输出设备的主要功能是将计算机处理完的程序结果和数据展示给用户，常见的输出设备有显示器、打印机。

冯·诺依曼体系结构如图 1.37 所示。

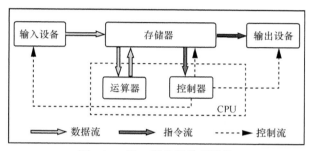

图 1.37　冯·诺依曼体系结构

1.4.2　哈佛结构

哈佛结构是在冯·诺依曼体系结构的基础上，通过对传统冯·诺依曼式计算机进行改造得到的一种并行体系结构，如图 1.38 所示。具有哈佛结构的计算机包括中央处理器（CPU）、程序存储器和数据存储器 3 部分，程序存储器和数据存储器采用不同的总线，从而提供了较大的存储器带宽，使数据的移动和交换更加方便，尤其提供了较高的数字信号处理性能。

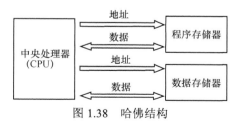

图 1.38　哈佛结构

哈佛结构具有两个明显的特点，首先是使用两个独立的存储器模块（程序存储器、数据存储器）分别存放程序和数据，每个存储器模块只允许存储相应类型的内容，程序和数据不会并存，这样可以更好地实现并行处理；其次是该结构中每个存储器模块对应一条地址总线和一条数据总线，地址总线用于访问两个存储器模块中的内容，数据总线用于完成两个存储器模块与中央处理器间的数据传输。这种分离的程序总线和数据总线允许在一个机器周期内同时获得指令字（来自程序存储器）和操作数（来自数据存储器），从而提高了执行的速度和数据的吞吐率。在该结构中，中央处理器首先在程序存储模块中读取指令内容，然后解码得到数据地址，最后到数据存储器中读取数据并执行下一步指令。

1.4.3　非冯·诺依曼式计算机

典型的冯·诺依曼式计算机本质上采用串行顺序处理的工作模式。这种工作模式的缺陷在于即使有关数据已经准备好，还是必须逐条执行指令序列。若想提高计算机性能，根本方向之一是采用并行处理。因此，近年来人们在努力突破传统冯·诺依曼体制的束缚，这种努力被称为非冯·诺依曼。努力的方向概括为以下 3 个方面。

① 在冯·诺依曼体制范畴内，对传统冯·诺依曼式计算机进行改造，如采用多个处理部件形成流水处理，依靠时间上的重叠提高处理效率；组成阵列机结构，形成单指令流多数据流，提高处理速度。这些方向已比较成熟，并已成为标准结构。

② 用多个冯·诺依曼式计算机组成多机系统，支持并行算法结构。这方面的研究目前比较活跃。

③ 从根本上改变冯·诺依曼式计算机的控制流驱动方式。例如，采用数据流驱动工作方式的数据流计算机，只要数据已经准备好，有关指令就可以并行执行。这是真正的非冯·诺依曼式计算机，它为并行处理开辟了新的前景，但由于控制的复杂性，仍处于实验探索之中。

1.4.2 节中介绍的哈佛结构就是非冯·诺依曼式计算机的一种。非冯·诺依曼式计算机还有很多，比如 2015 年北京大学康晋锋教授课题组利用新型阻变器件构建了一种新的硬件架构，自底向上开发并演示了逻辑计算与数据存储一体化的非冯·诺依曼式硬件处理系统 iMemComp。该系统可实现逻辑运算的原位实时存储，同时基于阻变器件自身的非挥发特性，可学习记忆各种通用逻辑运算并重复利用，大大提升计算速度并有效降低功耗。与国际半导体技术路线图（International Technology Roadmap for Semiconductor，ITRS）预测的 15 nm 先进互补金属氧化物半导体（Complementary Metal Oxide Semiconductor，CMOS）加法器相比，基于 iMemComp 架构的加法器的功耗可降低 60.3%，计算速度提升 76.8%，同时芯片面积可缩小为原来的 $\frac{1}{700}$。

1.5　我国计算机的发展

1.5.1　我国计算机技术的发展

1．电子管计算机的研制

冯·诺依曼着手设计通用电子计算机 EDVAC 时，当时在普林斯顿大学工作的华罗庚教授曾参观过他的实验室并和他讨论过相关的技术问题。华罗庚教授回国后从清华大学电机系挑选了闵乃大、夏培肃和王传英 3 位科研人员，并在中国科学院数学所建立了中国第一个电子计算机科研小组。1956 年，夏培肃完成了第一台电子计算机运算器和控制器的设计工作，同时编写了中国第一本电子计算机原理讲义。

1958 年 8 月 1 日，我国研发的 103 型通用数字电子计算机试制成功，如图 1.39 所示。它是国内第一台电子管计算机，运行速度为每秒 1 500 次。据北京信息产业协会前秘书长徐祖哲介绍，103 型计算机大约使用了 800 个电子管、2 000 个氧化铜二极管、10 000 个阻容元件，全机约有 10 000 个接触点和 50 000 个焊接点。

图 1.39　103 型计算机

1959 年，我国研发了 104 型电子计算机，如图 1.40 所示。它是我国第一台大型通用数字电子管计算机，运算速度为每秒 1 万次。

图 1.40　104 型计算机

2．晶体管计算机的研制

1965 年，我国研制成功了第一台大型晶体管计算机（109 乙机），如图 1.41 所示。两年后，在对 109 乙机进行改进的基础上，推出了 109 丙机。109 丙机运行了 15 年，有效计算时间达 10 万小时以上，在我国两弹试验中发挥了重要作用，被誉为"功勋机"。

图 1.41　109 乙机

1965 年 2 月，我国成功推出了第一台全晶体管计算机 441-B，如图 1.42 所示，这也是我国首次自主创新且实现工业化批量生产的计算机。它以生产 100 余台的数量创造了当时的全国第一。

图 1.42　441-B 计算机

3．中小规模集成电路计算机的研制

1970 年，我国才陆续推出大、中、小型集成电路计算机。1973 年，北京大学与北京有线电厂等合作，成功研制了国内第一台百万次集成电路电子计算机 150 机，运算速度为每秒 100 万次。

4．大规模集成电路计算机的研制

1977 年，我国研制成功的 DJS-050 微型计算机是我国生产的第一台 8 位微型计算机，揭开了中国微型计算机发展的序幕级的产品。

1983 年，国防科技大学成功研制银河-I 巨型计算机，运算速度达每秒 1 亿次。

它是我国高速计算机研制的一个重要里程碑级的产品。

1995 年，国家智能机中心推出了国内第一台具有大规模并行处理机结构的并行机曙光 1000（含 36 个处理机），峰值速度为每秒 25 亿次浮点运算，实际运算速度上了每秒 10 亿次浮点运算这一高性能台阶。

1.5.2　国产微处理器

龙芯系列处理器是由中国科学院计算技术研究所研制的。2002 年 8 月，我国自行研制的"龙芯 1 号"芯片 X1A50 流片成功，这是我国首片高性能的通用处理器，也是我国第一枚自行研制并通过了 SPEC CPU2000 基准测试的处理器芯片，至此拉开了国产处理器发展的序幕。2004 年，"龙芯 2 号"首次流片成功，其由 64 位单核处理器构成。2009 年 9 月，"龙芯 3 号"研制成功，标志着国产处理器芯片向多核时代转变。

飞腾系列处理器是由国防科技大学自主研发的，主要为天河系列超级计算机服务。2004 年 12 月，银河飞腾高性能 32 位浮点数字信号处理器研制成功，打破了中国高端通用数字信号处理器市场长期由国外产品垄断的局面。2015 年，飞腾 FT-1500A 系列处理器研制成功，该系列芯片是 64 位通用处理器，兼容 ARM V8 指令集，具有高性能、低功耗等特点，可以和 Intel 中高端至强服务器芯片对抗。

申威系列处理器是由江南计算技术研究所研发的，申威 1600 处理器问世后逐渐引起国内外的关注。我国首台使用国产处理器的神威蓝光超级计算机中用的就是申威 1600 处理器，峰值计算能力可以达到每秒千万亿次。由于具有完全自主知识产权的指令集系统，处理器的架构设计、测试、封装均由同一单位完成，因此申威系列处理器在信息安全领域具有得天独厚的优势。

众志系列处理器是由北京北大众志微系统科技公司研发的。2000 年，该公司成功研制出中国第一个支持 16 位/32 位两套指令系统的嵌入式微处理器 UniCore-I。2001 年，该公司成功研制出 64 位浮点协处理器 UniCore-F64 。2003 年，PKUNITY863-1CPU 系统芯片成功通过安捷伦大批量生产测试并开始批量生产，北大众志国产处理器计算机系统正式进入市场。

1.5.3　国产超级计算机

1983 年，中国第一台被命名为银河的亿次巨型电子计算机历经 5 年研制在国防科技大学诞生。它的研制成功向全世界宣布中国成了继美、日等国之后，能够独立设计和制造超级计算机的国家。

1992 年，国防科技大学研制出银河-II 通用并行机，如图 1.43 所示，峰值速度达每秒 10 亿次，它填补了我国通用并行巨型计算机的空白。在研制过程中，国防科技大学做到了研制与开发同时进行。他们和国家气象中心合作开发的中期数值天气预报软件系统，经过在银河-II 计算机上试算，获得了令人满意的结果。试算还表明，石油、地震、核能、航天航空等领域的大规模数据，均能在银河-II 上进行高速处理。

图 1.43　银河-II 通用并行机

1993 年，曙光一号正式诞生，成为中国第一台自主研发的全对称紧耦合共享存储多处理机系统，如图 1.44 所示，这是国内首个基于超大规模集成电路的通用微处理器芯片和标准 Unix 操作系统设计开发的并行计算机，机器定点速度可以达到每秒 6.4 亿次，主存容量为 768 MB。

图 1.44　曙光一号

1995 年，曙光公司又推出了曙光 1000，峰值速度达每秒 25 亿次浮点运算，实际运算速度上了每秒 10 亿次浮点运算这一高性能台阶。

1997 年，国防科技大学成功研制银河-III 百亿次并行巨型计算机系统，峰值速度为每秒 130 亿次浮点运算。

1997—1999 年，曙光公司先后在市场上推出曙光 1000A、曙光 2000-I、曙光 2000-II 超级服务器，峰值速度突破每秒 1 000 亿次浮点运算。

1999 年，国家并行计算机工程技术研究中心研制的神威 I 计算机，峰值速度达每秒 3 840 亿次，已在国家气象中心投入使用。

2004 年，由中科院计算所、曙光公司、上海超级计算中心共同研发制造的曙光 4000A，实现了每秒 10 万亿次运算速度，这是中国第一台进入世界前十名的高性能计算机。

2008 年，深腾 7000 成为国内第一个实际性能突破每秒百万亿次的异构机群系统，Linpack 性能突破每秒 106.5 万亿次。

2009 年 10 月 29 日，中国首台千万亿次超级计算机天河一号诞生。这台超级计算机以每秒 1 206 万亿次的峰值速度，使中国成为继美国之后世界上第二个能够研制千万亿次超级计算机的国家。

2010 年 5 月，我国具有自主知识产权的、第一台实测性能超千万亿次的星云超级计算机在曙光公司天津产业基地研制成功，如图 1.45 所示。在第 35 届全球超级计算机 500 强评比中，星云高居亚军位置，一举创造了中国在这项排行榜上的傲人新纪录，同时中国天河一号排在第七位。这样，中国不但打破了美国在该排行榜中对前三名的长期垄断，也第一次在前十名中占据了两个席位。

图 1.45　曙光星云

2010 年 11 月，国防科技大学研制的天河一号以峰值速度为每秒 4 700 万亿次、实际速度为每秒 2 566 万亿次的优越性能，在第 36 届全球超级计算机 500 强排行榜上位居世界第一，中国超级计算机首次站上了世界超级计算机之巅，如图 1.46 所示。

图 1.46　天河一号

2011 年 10 月 27 日，神威蓝光在国家超级计算济南中心安装完成，这是中国首台全部采用国产处理器和系统软件构建的千万亿次计算机系统，标志着中国成为继美国、日本之后第三个能够采用自主处理器构建千万亿次计算机的国家。

2013 年 6 月 17 日，在最新公布的全球超级计算机 500 强榜单中，国防科技大学研制的天河二号以每秒 5.49 亿次的浮点运算速度，成为全球最快的超级计算机，如图 1.47 所示。

图 1.47　天河二号

2013 年 11 月 18 日，国防科技大学研制的天河二号继续问鼎全球超级计算机 500 强排行榜榜首，在速度上比排名第二的来自美国的泰坦快近一倍。

2014 年 6 月 23 日，中国的天河二号超级计算机连续三次获得全球超级计算机 500 强排行榜冠军。

2015 年，中国天河二号继续蝉联全球超级计算机 500 强冠军，每秒可执行 33.86 千万亿次的浮点运算。天河二号超级计算机系统由 170 个机柜组成，其中包括 125 个计算机柜、8 个服务机柜、13 个通信机柜以及 24 个存储机柜，总内存为 1 400 万亿字节，总存储量为 12 400 万亿字节，处理器由 32 000 个 Xeon E5 主处理器和 48 000 个 Xeon Phi 协处理器构成，共 312 万个计算核心。

在 2016 年 6 月 20 日公布的世界超级计算机 500 强名单中，中国的神威·太湖之光凭借每秒 93 千万亿次浮点运算的运算能力成功夺得冠军，这也使中国超级计算机上榜总数首次超过美国，名列第一。神威·太湖之光的运算速度比上次榜单冠军（来自我国的天河二号）快出近两倍，其效率也提高了三倍，如图 1.48 所示。更重要的一点是，神威·太湖之光采用了 40 960 颗我国自主知识产权的神威 26010 芯片。

图 1.48　神威·太湖之光

2017 年 11 月，在国际 TOP500 组织公布的全球超级计算机榜单中，中国神威·太湖之光和天河二号第四次携手夺得前两名，超越美国。

参考文献

[1] COMER D E, GRIES D, MULDER M C, et al. Computing as a discipline[J]. Communications of the ACM, 1989, 32(1): 9-23.

[2] RANDELL B. The origins of digital computers: 3rd ed[M]. New York: Springer Verlag, 1982.

[3] MOLLENHOFF C R. Atanasoff: forgotten father of the computer[M]. Ames, IA: Iowa State University Press, 1988.

[4] GOLDSTINE J J. The computer from pascal to von Neumann[M]. Princeton, NJ: Princeton University Press, 1972.

[5] 袁道之，白莉. 蓝色巨人: IBM 在中国[M]. 北京: 北京大学出版社, 1998.

[6] 沃尔特·艾萨克森. 史蒂夫·乔布斯传[M]. 北京: 中信出版社, 2011.

[7] 李忠. 穿越计算机的迷雾[M]. 北京: 电子工业出版社, 2011.

[8] 王忠华. 数学奇才、计算机之父——冯·诺依曼[J]. 数学通讯, 1999(12): 44-45.

练 习 题

1. 计算机是无所不能的吗？谈谈你对计算机的理解。

2. 如果没有计算机革命，我们现在的社会将有很大不同。那么现在的社会是更好还是更差？谈谈你的看法。

3. 在商务、通信和社交互动方面，社会是否已经太过依赖于计算机应用？例如，如果长期中断 Internet 或移动电话服务，会有什么后果？

4. 广义的计算机指什么？我们的主要研究对象是哪种计算机？

5. 如何合理对计算机进行分类？

6. 器件是决定计算机速度的唯一因素吗？为什么？

7. 简述冯·诺依曼式计算机和非冯·诺依曼式计算机的区别。

8. 结合实际生活，谈谈摩尔定律对生活的影响。

9. 国产处理器的发展过程中，遇到的最大困难是什么？

10. 超级计算机都可以用于哪些领域的研究？

11. 比较国产超级计算机曙光星云、天河一号、天河二号、神威·太湖之光在配置、性能、应用等方面的差异，并制成表格。

第 2 章

存储程序

2.1　存储

2.1.1　存储概述

在了解计算机的发展历史之后，下面来近观计算机的"庐山真面目"。本节先了解计算机最基础的功能——存储。提到存储，就不得不介绍计算机的核心组件之一——存储器。它是计算机系统的记忆部件，主要用于存放各类数据和程序信息，并能在计算机运行过程中完成数据的存取。

为什么要将数据和程序存放到存储器中？因为存储器具有记忆功能，会根据微处理器发出的指令将所需的程序和数据信息传递给计算机主机，还可以保存程序的中间结果和最终结果，存储器可以保证计算机的正常工作，在运行过程中高速且自动地完成程序或数据的存储。

计算机能够识别的是由 0、1 字符构成的二进制数，为此在存储器内部使用了具有两种稳定状态的物理元件。该元件利用 0、1 这两种状态来存储数据，这样存储在存储器中的数据都成了计算机能够识别的二进制数。

在计算机中，常用的表示数据的单位有位、字节、字。

位（bit，音译为比特）是计算机存储数据的最小单位，一个二进制位只能表示 0 或 1 这两种状态。

字节（Byte，简记为 B）是计算机中进行数据处理的最基本单位。每个字节由 8 个二进制位组成，即 1 B=8 bit。通常情况下一个 ASCII 码占 1 B，一个汉字占 2 B。

字是计算机处理数据时一次存取、加工和传送的数据长度。一个字可以由一个或若干个字节构成。

　　存储容量常用字数或字节数来表示，如 64 KB、512 MB、1 GB。存储容量的单位由小到大依次为 B、KB、MB、GB、TB、PB、EB 等，其中 1 KB=2^{10} B=1024 B，1 MB=2^{10} KB，1 GB=2^{10} MB，1 TB=2^{10} GB，1 PB=2^{10} TB，1 EB=2^{10} PB。

2.1.2　存储的分类

　　通常情况下，可以按照以下 4 种方式对存储器进行分类。

1．按存储介质分类

　　常用的存储介质有半导体器件、磁性材料、光盘等。按存储介质，可以将存储器分为三大类，使用半导体器件做成的存储器称为半导体存储器，使用磁性材料做成的存储器称为磁表面存储器，使用光盘做成的存储器称为光存储器。

　　（1）半导体存储器

　　半导体存储器以二极管、晶体管或金属氧化物半导体（Metal Oxide Semiconductor，MOS）管等半导体器件作为存储元件，如计算机的内存。该类存储器具有集成度高、容量大、体积小、存取速度快、功耗低等特点。

　　（2）磁表面存储器

　　碳表面存储器采用磁性材料作为存储介质。常用的磁表面存储器有磁带、磁盘等，如计算机的硬盘、软盘。该类存储器体积大、存取速度慢，但容量比半导体存储器大得多，且稳定性好，不易丢失。

　　（3）光存储器

　　光存储器用刻痕的形式将信息保存在盘面上，用激光束照射盘面，靠盘面的不同反射率来读出信息。光盘可分为只读型光盘（Compact Disc Read-Only Memory，CD-ROM）、只写一次性光盘（Write Once Read Memory，WORM）和磁光盘（Magnetic Optical Disk，MOD）3 种。

2．按存储器的读写方式分类

　　按存取方式，可以将存储器分为两大类，随机存储器（Random Access Memory，RAM）和只读存储器（Read Only Memory，ROM）。

　　（1）RAM

　　计算机工作时任何一个存储单元的内容都可以随机存取，即在 CPU 运行过程中能随时进行数据的读出和写入，存取时间与存储单元的物理位置无关。当电源关闭时，RAM 内存放的所有信息会丢失，因此 RAM 又被称作易失性存储器，其只能用于暂时存放数据。通常在购置计算机时看到的内存容量指标，指的就是该计算机中 RAM 的容量。

　　根据制造工艺的不同，可以将 RAM 分为双极型和 MOS 型。双极型存储器具有存取速度快的优势，但是其功耗大、集成度小，一般作为容量较小的高速缓冲存储器。按存储单元工作原理的不同，MOS 型存储器又细分为静态存储器（Static Random Access Memory，SRAM）和动态存储器（Dynamic Random Access Memory，DRAM）。SRAM 的优势是存取速度快、工作状态稳定，由于电路复杂，该类存储器中使用的晶体管数量较多，因此集成度较差。目前，该类存储器主要用作高速缓冲存储器。DRAM 的优势是电路简单、集成度高，但电路状态不稳定，为了确保 DRAM 中存储的信息不变，需要定时刷新存储内容，主要用于大容量内存储器。

（2）ROM

ROM 是指当内容写入后就只能读取、不能对内容进行修改的固定存储器。断电后 ROM 中存储的内容不会改变，因此它又被称作非易失性存储器。基于它良好的稳定性，在计算机系统中 ROM 内通常存放固定的程序和数据，例如操作系统中的基本输入/输出系统（Basic Input/Output System，BI/OS）、监控程序等。

按其内部集成电路结构的不同和使用特性，可将 ROM 分为掩膜只读存储器（Mask Read Only Memory，MROM）、可编程只读存储器（Programmable Read Only Memory，PROM）、可擦除可编程只读存储器（Erasable Programmable Read Only Memory，EPROM）和电擦除可编程只读存储器（Electrically Erasable Programmable Read Only Memory，EEPROM）。

MROM 的内容一般在生产时由芯片厂商事先写入，计算机工作时只能读出，而不能随机写入或对其进行修改。因此该类存储器适合于存储成熟的、不需要修改的固定程序和数据。

PROM 在出厂时是一个空白存储器，芯片生产厂商不会在该器件中存储任何信息。用户在拿到该种存储器后根据实际需要利用电或光照的方法一次性地将所需程序和数据写入其中。需注意的是，PROM 只能写入一次，一旦写入便不能修改。

EPROM 允许用户按照规定的方法进行多次编程，若编程之后想修改，可用紫外线灯制作的抹除器持续照射一段时间，待存储器中全部内容擦除后用户可再次写入新的内容，从而实现存储器的反复使用。这类存储器在工程开发中应用较广泛，但也存在写入速度较慢等缺陷。

EEPROM 与 EPROM 类似，可进行多次写入操作，但 EEPROM 以字节为单位进行擦除和修改，而 EPROM 是将存储器整体内容擦除后再重新写入。EEPROM 的另一个优势在于其不需要把芯片从用户系统中拔下来再利用编程器编程，而是直接在用户系统上就可以实现编程操作。

闪速存储器（Flash Memory）又称作快擦写存储器，也属于 ROM 的范畴。它的特点是既可以在不加电的情况下长期保存信息，具有非易失性，又可以在线进行快速擦除与重写。它是以整个存储器阵列或大的存储单元块为单位进行擦除的，而不是逐字节擦除。在闪存系统里，用电子信号将二进制位直接送到存储介质中，电子信号使该介质中二氧化硅的微小晶格截获电子，从而转换微电子电路的性质。这些微小晶格能够使截获的电子保持很多年，所以闪存技术适合存储脱机数据。

3．按信息的保存性分类

按照信息的保存性，可将存储器划分为易失存储器和非易失存储器两类。

断电后存储在其内的数据将会丢失，这类存储器称作易失存储器。易失存储器通常跟后备电池一起搭配使用，这样做的好处是相比非易失存储器，写入速度要快很多，代价是花费比较高昂。常见的易失存储器有 RAM。

断电后存储在其内的数据得到保留，没有丢失，这类存储器称作非易失存储器。这类存储器虽然断电后仍可保留数据，但是写入数据的时间比较长。常见的非易失存储器有 MROM、PROM、EPROM、EEPROM、磁盘、磁带等。

4．按在计算机中的作用分类

按照在计算机中的作用，可将存储器划分为主存储器、辅助存储器、缓冲存储器这 3 类，如图 2.1 所示。

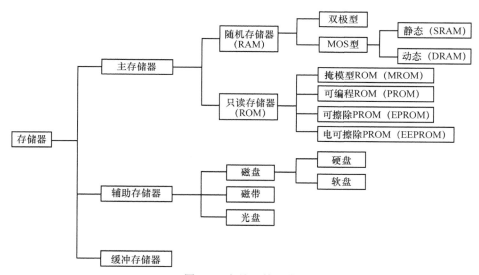

图 2.1　存储器的分类

主存储器简称主存、内存，通过内存总线与 CPU 连接，用来存放正在执行的程序和处理的数据，可以和 CPU 直接交换信息。它的特点是存取速度较快，但存储容量不大。

辅助存储器简称辅存、外存，需通过专门的接口电路与主机连接，不能和 CPU 直接交换信息，用来存放暂不执行或还没被处理的程序或数据。它的特点是容量大，成本较低。

　　缓冲存储器简称缓存（Cache），用在两个速度不同的部件之间，如 CPU 与主存之间，主要用于高速地存取指令和数据。它的特点是存取速度快，但存储容量小。

2.1.3　存储层次

　　存储器是计算机的核心组成部分之一，其性能对计算机整体性能有着直接影响。存储器有 3 个重要的衡量指标，即容量、速度和每位价格。一般来说，速度越快，每位价格越高；容量越大，每位价格越低；容量越大，速度越慢。

　　在设计计算机存储器时应该如何规划才能比较均衡地协调好三者间的关系？怎样尽最大可能实现容量大、速度快、价格低的较理想状态？解决这个难题的方法是采用层次化的存储器结构，综合各类存储器的优势，而不只是依赖单一的存储部件或技术。

　　图 2.2 是一个通用存储器的层次结构。从图 2.2 中可以看到，从上到下速度逐渐减慢，容量逐渐增大，每位价格逐渐降低。整个存储系统的设计目标就是希望容量与层次结构中最大一级的存储器相同，而访问速度与最快一级存储器相当。因此，容量较小、价格较贵、速度较快的存储器可作为容量较大、价格较便宜、速度较慢的存储器的补充。

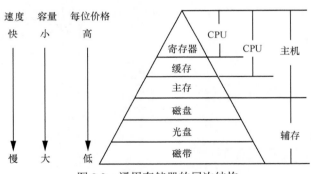

图 2.2　通用存储器的层次结构

　　现代计算机中通常采用多级存储体系结构，即缓存、主存和辅存三级体系结构，主要表现在缓存-主存、主存-辅存这两个存储层次关系上，如图 2.3 所示。从图 2.3 中可以看到，CPU 只能直接访问内部存储器，包括高速缓冲存储器和主存储器；CPU 不能直接访问外部存储器，外部存储器的信息必须调入内部存储器后才能被 CPU 处理。

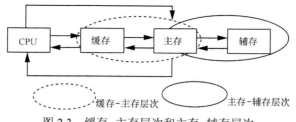

图 2.3 缓存–主存层次和主存–辅存层次

在三级体系结构中，各级存储器发挥着不同的作用，各具特色。缓存的特点是存取速度快，使存取速度和 CPU 的运算速度相匹配；辅存的特点是存储容量大，可以满足计算机大容量存储的要求；主存介于缓存和辅存之间，要求选取适当的存储容量和存取周期，使它能容纳系统的核心软件和较多的用户程序。

从 CPU 角度来看，缓存–主存这一层次的存储器速度接近于缓存水平，高于主存水平，其容量和每位价格却接近于主存，这样的设计就从速度和成本的矛盾中达到了较理想的平衡。主存–辅存这一层次，从整体上来看，其速度接近于主存，容量接近于辅存，平均每位价格也接近于低速、廉价的辅存每位价格，这一层级的设计解决了速度、容量、成本三者间的矛盾。现代的计算机系统基本都采用这两个存储层次，构成了缓存、主存和辅存三级存储系统。

2.2 程序

2.2.1 计算机程序

计算机程序，简称程序，是指一组可以指示计算机或其他具有信息处理能力的装置中每步动作的指令，通常用某种程序设计语言编写，运行于某种目标体系结构上。举例来说，一个程序就像一个用汉语写下的菜谱，用于指导懂汉语和烹饪手法的人来做这个菜。这里汉语代表程序设计语言，菜谱代表程序，懂汉语和烹饪手法的人代表体系结构。其实计算机程序就是在人和计算机之间搭建了一座桥梁，通过这座桥梁人可以向计算机传达指令，也必须通过这座桥梁计算机才能真正读懂人所传达的指令。

2.2.2 程序设计语言分类

程序设计语言是一组用来定义计算机程序的语法规则。它是一种被标准化的交流技巧，用来向计算机发出指令。程序设计语言是用于表述计算机程序的语言。语言通常是根据一定的规则，利用某些特定记号的组合来表达内容。在程序设计语言中，这些记号的组合就代表程序。程序设计语言受 3 个方面因素的影响，即语法、语义和语用。语法表示程序的结构或形式，亦即表示构成语言的各个记号之间的组合规律，但不涉及这些记号的特定含义，也不涉及使用者。语义表示程序的含义，亦即表示按照各种方法所表示的各个记号的特定含义，但不涉及使用者。语用表示构成语言的各个记号和使用者之间的关系。

1. 机器语言

二进制是计算机语言的基础，因此最初计算机能处理的基本信息就是二进制数。人们需要根据各自的需要将二进制代码组合成序列，以此来控制计算机完成相应的操作。简单地讲就是按照一定的标准编写一串串由 0 和 1 组合成的序列，这些序列可以被计算机内部识别，并且计算机会根据序列的要求完成指定动作。这里的代码序列就是第一代计算机程序设计语言，也常被称作机器语言。但是机器语言都是由 0 和 1 组合成的序列，因此这种语言编写的程序具有序列长、难理解、不易排错、通用性不强、编写效率较低等缺陷。

当时的机器语言在编写时都需要借助一种工具——穿孔纸带。穿孔纸带又叫指令带，如图 2.4 所示，是早期计算机的输入和输出设备，它可以将程序和数据转换成计算机可以识别的二进制数，即带孔的表示 1，无孔的表示 0。在计算机发展初期，一般的指令长度为 16，即以 16 个二进制数组成一条指令，16 个 0 和 1 可以组成各种排列组合，例如 1011011000000111、1000001101010100 等。为了让计算机了解并执行人的意图，就需要编写许多条由 0 和 1 构成的指令，然后人工利用打孔机将指令打到特制的纸带上。一个程序通常由若干条指令构成，因此常常需要打出一个很长的纸带来表示程序。当运行程序时，就将纸带装在光电输入机上；当光电输入机从纸带读取信息时，有孔处就会产生一个电脉冲，将指令变成电信号，然后再由计算机完成各种操作。

图 2.4　穿孔纸带

2．汇编语言

为了把计算机从少数专业人员手中解放出来，增强计算机的通用性，减轻工作人员在程序编写过程中的工作量，相关计算机工作者开始了对程序设计语言的研究工作，开始尝试使用一些帮助记忆的符号来代替机器语言中的 0 和 1。20 世纪 50 年代初期，第二代计算机程序设计语言基本确立，又称作汇编语言。它是利用助记符来表示每一条计算机指令的操作符和操作数，具有易识别的优点，跟机器语言相比具有一定的优越性。

例如，使用"add"来表示加法，使用"mov"来表示数据传送。假设想让计算机完成两数相加的操作，用汇编语言编写程序如下。

① mov r0 0x1a

② load r1 [r0]

③ mov r0 0x2c

④ load r2 [r0]

⑤ add r3 r1 r2

⑥ mov r0 0x3d

⑦ store r3 [r0]

⑧ halt

输入汇编程序后计算机是如何处理该程序的呢？这里就需要用到汇编程序的助手——汇编器了。汇编器是一种可以将汇编语言翻译成机器语言的程序，通过这种程序就可以将汇编程序翻译成计算机可以执行的代码，接着再由计算机执行相应的指令。

由于汇编语言的绝大部分语句都是与机器指令相互对应的，使用汇编语言编写程序时还要求相应人员熟悉机器内部结构，因此在编写程序时仍然比较烦琐。汇编语言同机器语言一样，对计算机硬件具有较强的依赖性，因此通用性较差。

3．高级语言

为了弥补机器语言和汇编语言的缺陷，增强人与计算机交流的通畅性，20 世纪 50 年代，高级语言被成功研制。高级语言没有过分依赖计算机硬件，表述方法较接近数学语言和自然语言，使用方便简单，程序员不用熟悉计算机内部结构就可以完成程序的编写，效率较高。高级语言不能被计算机直接执行，必须先由一种翻译程序将这些程序翻译成等价的并且能被计算机识别和执行的机器语言。

从描述方式上来说，高级语言大致可以分为两类，一类是面向过程的，另一类是面向对象的。简单来说，面向对象描述的是事物，而面向过程描述的是事件。比如去饭店吃饭，如果是面向对象那就直接点想要吃的菜即可，而如果是面向过程则需要考虑这道菜是怎么制作出来的，包括买菜、洗菜、切菜、炒菜等步骤。

同样是上面的求两数相加的例子，下面分别用以 C 语言为代表的面向过程的程序设计语言和以 Java 为代表的面向对象的程序设计语言描述程序。对于面向过程的程序设计语言来说，就是编写一个函数完成加法操作。而对于面向对象的语言来说，就是构造一个通用的加法函数，在程序中调用这个函数来完成两数的相加运算。

（1）C 语言版的两数相加程序

```c
#include <stdio.h>
int main()
{
    int a,b,c;
    printf("请输入任意两个整数\n");
    scanf("%d%d",&a,&b);
    c=a+b;
    printf("%d+%d=%d\n\n",a,b,c);
}
```

（2）Java 版的两数相加程序

```java
import java.util.Scanner;
public class add {
        public static void main(String[] args) {
            Scanner c = new Scanner(System.in);
            System.out.println("输入第一个数");
            int num1 = c.nextInt();
            System.out.println("输入第二个数");
            int num2 = c.nextInt();
            System.out.println("相加结果为："+add(num1,num2));
        }
        public static int add(int a,int b){
            int sum=a+b;
                //System.out.println(a + "+" + b + "=" + sum);
                return sum;
            }
}
```

同样还是有这样的疑问，将由高级语言编写的程序输入计算机后，计算机内部是如何处理该程序的呢？这里使用的不再是汇编器，而是一种叫作编译器的程序。编译器就是将一种语言翻译为另一种语言的程序，前一种语言通常指的是高级语言，后一种语言则指的是低级语言。

在使用编译器进行编译之前，需要先通过预处理器进行预处理操作。预处理器是在程序源文件被编译之前根据预处理指令对程序源文件进行处理的程序。C/C++提供的预处理功能主要有文件包含、宏替换、条件编译等。例如 C 语言中的#include <xxx.h>指令就属于预处理指令，用于指明包含的头文件。经过预处理操作后，对程序进行编译，将高级语言翻译成目标代码，得到目标文件。最后链接器的工作就是解析未定义的符号引用，将目标文件中的占位符替换为符号的地址，最终生成一个可执行文件，由计算机执行程序中的相应操作。

4．应用式语言

第四代计算机程序设计语言是伴随着商业的发展而逐渐出现的。这一代程序设计语言又被称作应用式语言，其特点是用户不用关注问题的解法和系统内部的具体操作过程，只要说明需要的条件以及最终要实现的目标即可。应用式语言使用较方便，但在通用性和灵活性方面有待加强，因此目前应用式语言只在部分领域适用。数据库领域使用的结构化查询语言（Structured Query Language，SQL）就属于应用式语言，只需要告诉计算机做什么即可。例如使用 SQL 检索满足一定条件的学生列表，只需要描述出查询范围、查询内容和检索条件，系统就会自动筛选出符合条件的最终学生列表。

来看一个具体的例子，假设现在有一个班的学生表（student），表里包含学号（sno）、姓名（sname）、年龄（sage）、家庭所在地（shome）信息，现在要求从该表中查询年龄在 20 岁以上的来自上海的学生的学号，那么应该用如下 SQL 语句进行查询，即"select sno from student where sage>20 and shome='上海'"。

2.2.3 常用程序设计语言

从第一个程序设计语言诞生至今，已有近千种风格迥异、不同用途的高级语言接连问世，其中使用范围较广、影响较大的有几十种，例如 FORTRAN（Formula Translator）、ALGOL（Algorithmic Language）、COBOL（Common Business-Oriented Language）、LISP（List Processor）、BASIC（Beginner All-purpose Symbolic Instruction Code）、PASCAL、Ada、PROLOG（Programming in Logic）、C、C++、Java 等。

通过分析这些典型的程序设计语言，大致可以将它们分为五大家族，包括工程计算、算法语言、面向对象、人工智能和特定领域，族谱树如图 2.5 所示。

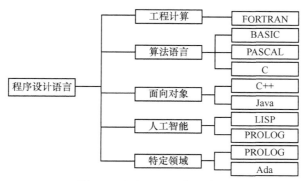

图 2.5 程序设计语言族谱树

1954 年，由 IBM 公司约翰·贝克斯（John Backus）领导的研发小组的研制成果 FORTRAN 语言问世，这是世界上第一个完全脱离计算机硬件的高级语言。FORTRAN 语言具有较高的执行效率以及良好的输入/输出功能，一经问世便迅速受到众人追捧，尤其在科学和工程计算领域保持着良好的生命力。

ALGOL 语言是算法语言的简称。国际计算机学会（ACM）将 ALGOL 模式作为描述算法的标准，后期出现的 PASCAL、C 等语言都是在 ALGOL 的基础上研制出来的，因此这些语言都属于 ALGOL 家族的成员。使用较广泛的 ALGOL 家族成员有 C 语言、BASIC 语言、PASCAL 语言。

BASIC 是初学者通用符号指令码的缩写。BASIC 语言是由美国达特茅斯学院的约翰·凯默尼（John Kemeny）和托玛斯·科尔茨（Thomas Kurtz）联合发明的。BASIC 语言的开发经历了一个曲折的过程。早在 1956 年，凯默尼就开发了一个叫 DARSIMCO（DARtmouth SIMplified Code）的语言，用于解决数学问题。但在 FORTRAN 出现后，它就被弃而不用了。1962 年，凯默尼在学生马歇尔（Marshall）的协助下又开发出了 DOPE（Dartmouth Oversimplified Programming Experiment）语言，这个语言虽有不太完善之处，但却是 BASIC 的前身。从 DARSIMCO、DOPE、BASIC 这些名称中，我们可以看出设计者的核心思想就是希望这个语言是简单、实用、易学习、易使用的。1964 年 5 月 1 日，当第一个 BASIC 程序成功运行之后，BASIC 语言很快就受到达特茅斯学院学生的追捧，接着在美国和全球范围内风靡，其影响力一直延续至今。1975 年，美国 MITS 公司成功研制的 Altair 8800 计算机配附了 BASIC 语言，而比尔·盖茨和保罗·艾伦则是将 BASIC 带到 PC 上的直接贡献者，从某种程度上可以说是 BASIC 的成功造就了后来的微软。

PASCAL 是由瑞士的尼古拉斯·沃斯（Niklaus Wirth）教授（如图 2.6 所示）在 ALGOL 语言的基础上于 20 世纪 60 年代末开发的。计算机领域中的著名公式"算法+数据结构=程序"（Algorithm+Data Structures=Programs）就是源自沃斯的思想，而他也因为这个公式获得了 1984 年的图灵奖。PASCAL 可以被用作系统程序设计语言，利用该语言可以编写系统软件，例如操作系统、编译程序等。PASCAL 具有安全、可靠、层次清晰的特点。

图 2.6　尼古拉斯·沃斯

　　20 世纪 70 年代，美国计算机科学家丹尼斯·里奇（Dennis Ritchie）和肯·汤普逊（Ken Thompson）（如图 2.7 所示）在贝尔实验室成功开发了 C 语言，两人还是 Unix 系统的发明人。因为两人的卓越成就，所以他们获得了 1983 年的图灵奖，里奇因贡献突出被后人誉为"C 语言之父"。C 语言具有简洁、有效、通用、层次清晰、强大的可移植性等特点。对操作系统和系统使用程序以及需要对硬件进行操作的场合，用 C 语言明显优于其他高级语言。许多大型软件基本上都是用 C 语言编写的，比如 Windows 操作系统、Linux 操作系统、Unix 系统的核心代码等。目前 C 语言仍被广泛使用，并且成为计算机专业学生学习程序设计语言的基础。

图 2.7　肯·汤普逊（左）和丹尼斯·里奇（右）

　　除了 ALGOL 家族的算法语言外，还有一类是面向对象的程序设计语言。常见且使用较广泛的有 C++语言和 Java 语言。

　　1983 年，美国贝尔实验室的本贾尼·斯特劳斯特卢普（Bjarne Stroustrup）博士在 C 语言的基础上发明了 C++语言。本贾尼·斯特劳斯特卢普也因此被誉为"C++之父"。与 C 语言不同的是，C++是一种面向对象的语言，而 C 是一种面向过程的语言。

　　Java 由 SUN MircoSystem 公司于 1995 年对外发布，该项目的技术负责人詹姆斯·高斯林（James Gosling）是主要创始人之一，因此高斯林被人们称为"Java 之父"。Java 是一门面向对象的编程语言，不仅具有C++语言的优点，而且去除了C++中晦涩难懂的概念，例如多继承、指针等，因此 Java 语言以简单易用、安全稳健、功能强大等优势著称，是目前主流的编程语言之一。

　　还有一些程序设计语言可以应用到人工智能领域，常见的有 LISP 语言和 PROLOG 语言。

　　1958 年，"人工智能之父"约翰·麦卡锡（John McCarthy）发明了 LISP 语言，LISP 是表处理的缩写。该语言是一种用于处理符号表达式相当简单的函数式程序设计语言，以数学中函数与函数作用的概念为基础设计完成。LISP语言是人工智能领域第一个被广泛使用的语言，该语言至今仍对计算机领域具有重要的影响。

PROLOG 语言是逻辑式程序设计语言的缩写。该语言以逻辑学理论为基础，可以用于人工智能领域，是除 LISP 语言之外在该领域应用最广泛的程序设计语言。将逻辑作为程序设计语言的思想源自英国爱丁堡大学人工智能系的罗伯特·科瓦尔斯基（Robert Kowalski）和法国马赛大学人工智能研究所的阿兰·科尔默劳尔（Alain Colmerauer）。

除此之外，还有一些语言定义了某种标准，可以应用于某些特定的领域，常见的有 COBOL 语言、Ada 语言。

1959 年，面对编程语言层出不穷、规则混乱的情况，葛丽丝·霍普作为首席技术顾问，与一些专家共同制定了新的适用于任何计算机的编程语言标准。这一标准直接推动了第一个高级商用计算机程序语言 COBOL 的诞生，因此葛丽丝·霍普被人们誉为"COBOL 之母"。COBOL 语言是数据处理方面的标准语言，是一种面向过程的高级程序设计语言。它采用 300 多个英语单词作为保留字，以一种接近于英语书面语言的形式来描述数据特性和数据处理过程，因而便于理解和学习。COBOL 语言的重要贡献在于它引入了独立于计算机的数据描述概念，而这些概念则是数据库管理系统中相关概念的最初思想来源。COBOL 语言是专门为企业管理而设计的高级语言，可用于统计报表、财务会计、计划编制、作业调度、情报检索和人事管理等方面。

Ada 是美国国防部为了克服软件开发危机，斥巨资研制的一种具有较强表现力的通用程序设计语言，该语言的最初设计目标就是实现高可靠性、可维护性和高效率。为了纪念阿达·洛芙莱斯的突出贡献，美国国防部将这种语言命名为 Ada 语言。Ada 语言设计之初主要是针对嵌入式和实时系统的，直到今天依然可以应用于该领域。该语言是第一个同时拥有国际电工委员会（International Electrotechnical Committee，IEC）、国际标准化组织（International Organization for Standardization，ISO）和美国军用标准认证的语言。

Tiobe 排行榜是体现编程语言流行趋势的一个指标，该榜单每月更新，排名主要依据互联网上有经验的程序员、课程和第三方厂商的数量，使用诸如谷歌、MSN、雅虎（Yahoo!）、维基百科（Wikipedia）、YouTube 以及百度（ Baidu） 等搜索引擎计算得到。图 2.8 展示的是根据 Tiobe 排名得出的常用程序设计语言近年来走势。表 2.1 是 Tiobe 统计并公布的 2020 年 1 月编程语言的市场占有率情况。

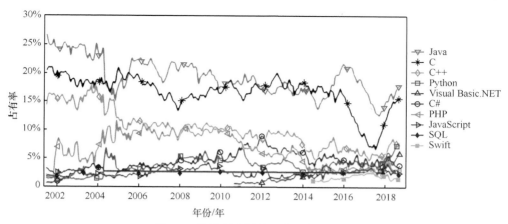

图 2.8 常用程序设计语言近年来走势

表 2.1 2020 年 1 月 Tiobe 程序设计语言榜单

2020 年 1 月	2019 年 1 月	名次变化	程序设计语言	占有率	占有率变化
1	1		Java	16.896%	−0.01%
2	2		C	15.773%	+2.44%
3	3		Python	9.704%	+1.41%
4	4		C++	5.574%	−2.58%
5	7	∧	C#	5.349%	+2.07%
6	5	∨	Visuai Basic NET	5.287%	−1.17%
7	6	∨	JavaScnpt	2.451%	−0.85%
8	8		PHP	2.405%	−0.28%
9	15	≪	Swift	1.795%	+0.61%
10	9	∨	SQL	1.504%	−0.77%
11	18	≪	Ruby	1.063%	−0.03%
12	17	≪	Delphi/Object Pascal	0.997%	−0.10%
13	10	∨	Objective-C	0.929%	−0.85%
14	16	∧	Go	0.900%	−0.22%
15	14	∨	Assembly language	0.877%	−0.32%
16	20	≪	Visual Basic	0.831%	−0.20%
17	25	≪	D	0.825%	+0.25%
18	12	≪	R	0.808%	−0.52%
19	13	≪	Perl	0.746%	−0.48%
20	11	≪	MATLAB	0.737%	−0.76%

2.2.4 Debug 与 IDE

在计算机领域，通常将计算机系统或程序中存在的缺陷或问题称为 Bug，将找出并排除错误的过程称为 Debug。

谈到 Bug 这个术语，就不得不说说葛丽丝·霍普的故事。葛丽丝·霍普就是 2.2.3 节提到的因开发出 COBOL 语言而被称为"COBOL 之母"的计算机语言领域带头人，她还被誉为"计算机软件第一夫人"。霍普对计算机语言领域的贡献很大，不仅成功开发了 COBOL 语言，还实现了第一个编译器，发现了计算机程序中的第一个 Bug。

二战期间，霍普加入军队，在那里她与计算机有了更多的接触。她成为著名计算机专家霍德·艾肯（Howard Aiken）博士的助手，参与了马克一号计算机的研制。为了建造更快的计算工具以满足战时所需，哈佛马克二号项目于 1944 年开启，霍普的主要任务是编写软件程序。1946 年的一天，马克二号因为不明原因停止运作，霍普的部下经过仔细检查后，发现是一只飞蛾飞进继电器而造成了短路。有感于这个有趣的发现，他们便将飞蛾的残骸贴到了研发记录簿上，这个研发记录簿现收藏于位于华盛顿的美国历史国家博物馆中，如图 2.9 所示。后来霍普就把程序故障诙谐地称为 Bug，把排除故障的过程称为 Debug（除虫）。虽然 Bug 这个词在更早之前已被用来指莫名的故障，但因为这个故事，这一用法在计算机领域变得更加广为人知。

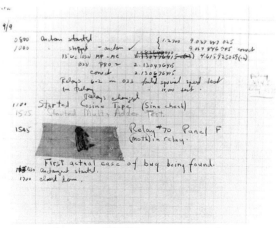

图 2.9　贴有飞蛾的研发记录簿

在程序编写过程中，时常会出现 Bug，这就需要使用 Debug 工具来处理这些故障。因此技术人员研发了各式各样的程序调试工具，在 Windows、Linux、Unix、 iOS 系统下均可使用。

GDB 是可以在 Unix 及 Unix-like 下使用的调试工具。GDB 是一个功能强大的命令行调试工具。GDB 可以让被调试的程序在指定位置停下来，供用户查看变量、寄存器、内存等信息。GDB 可以调试多种程序设计语言，包括 C、C++、Java 等。

随着技术的不断发展，为了使程序员能够更加便利地调试程序，现在很大一部分 Debug 工具都集成到了集成开发环境（Integrated Development Environment，IDE）内。IDE 是用于提供程序开发环境的应用程序，一般包括代码编辑器、编译器、调试器和图形用户界面工具，并集成了代码编写功能、分析功能、编译功能、调试功能等一体化的开发软件服务套件。

比较常见的 IDE 有微软的 Visual Studio 系列、Eclipse、Codeblocks、Komodo、苹果的 Xcode 等。

Microsoft Visual Studio（简称 VS）是美国微软公司的开发工具包系列产品。VS 是一个基本完整的开发工具集，包括整个软件生命周期中所需要的大部分工具，如 UML 工具、代码管控工具、集成开发环境等。利用 VS 中的 IDE，人们可以共享工具且有助于创建混合语言解决方案。VS是目前最流行的Windows平台应用程序的集成开发环境。

Eclipse 是一个开放源代码的、跨平台的集成开发环境。最初主要用来进行 Java 语言的开发，但是目前也有人通过插件使其作为其他计算机语言（比如 C++和 Python）的开发工具。就其本身而言，它只是一个框架和一组服务，用于通过插件组件构建开发环境。Eclipse 附带了一个标准的插件集，包括 Java开发工具（Java Development Kit，JDK）。

Codeblocks 是一个开放源码的全功能跨平台 C/C++集成开发环境。Codeblocks 是用 C++编写的，捆绑了 MinGW 编译器，可扩展插件，有插件向导功能，让人们很方便地创建自己的插件。对于 C++程序员来讲，Codeblocks 比 Eclipse 速度快，比 VS 价格低廉。

Komodo 是一个支持多种语言、跨平台的集成开发环境。它非常强大，支持 Perl、PHP、Python、Ruby，以及 JavaScript、CSS、HTML、XML。它可以在 Windows、Mac OS X 和 Linux 上运行，拥有后台语法检测、颜色匹配、错误捕捉、自动补齐等特性。值得一提的是，Komodo 的 IDE 为用户提供了丰富的可扩展功能，支持类似firefox的 xpi 扩展。

Xcode 是由苹果公司开发的可以运行在 Mac OS X 操作系统上的集成开发工具。Xcode 是开发OS X 和 iOS 应用程序最快捷的方式。Xcode 具有统一的用户界面设计，编码、测试、调试都在一个简单的窗口内完成。

2.3　存储程序的原理及改进

2.3.1　存储程序的原理

1946 年，冯·诺依曼首次提出了存储程序的概念，这是现代计算机的理论基础，也是冯·诺依曼体系结构的核心内容。存储程序原理又称作冯·诺依曼原理，核心思想就是要像数据一样，把程序存储到计算机内部存储器中，然后由计算机自动地一条一条顺次执行指令，不需要人工干预，直到程序执行完毕。这个概念的提出是计算机发展史上的里程碑，影响着以后计算机的设计。

通常情况下，如果想让计算机实现计算功能，那么首先需要将程序编写出来，然后通过输入/输出设备将程序和数据先保存到内存中。在计算机系统中，内存通常会被划分成若干个存储单元，每个存储单元都有相应的地址编号。通常还会根据功能将存储单元进行分区，例如在内存中有专门用来存放程序的程序区，也有专门用来存放数据的数据区。接着根据存储程序原理的设计，计算机会自动处理存储在内存中的程序，即从程序的第一条指令开始，一条接一条地执行。通常情况下，指令是按照地址编号由小到大的顺序依次存放在相应的存储单元中。

每条指令的执行过程都可以划分为 3 个阶段。首先需要将内存中待执行的指令送到 CPU 中的指令寄存器，这个步骤称为取指令；然后将指令寄存器中的指令送到译码器（译码器是一种具有翻译功能的逻辑电路，它可以将输入的二进制代码转换成与输入代码对应电路的某种状态作为输出信号），译码器会从指令中提取操作码和操作数，这个步骤称为分析指令；最后将产生的控制信号送到相应的电器部件，各电器部件根据信号完成相应的操作，并为执行下一条指令做准备，这个步骤称为执行指令。

通过观察计算机内部计算 1+1 的过程来熟悉计算机的工作原理，如图 2.10 所示。①在输入设备上输入 1+1。②控制器向输入设备发送指令，让输入设备将输入数据存入存储器。③控制器向存储器发送取数指令，指令逐条被送到控制器中，并且控制器会对送来的指令进行译码操作，译码后控制器会向存储器发出取数指令，然后存储器将数据送入运算器中。④控制器向运算器传递运算命令，运算器收到命令后执行运算操作，计算出 1+1 的结果，并将结果存入存储器中。⑤控制器向存储器发出取数指令，存储器将最终结果传送给输出设备。⑥控制器向输出设备发出输出命令，输出设备显示最终结果 2。

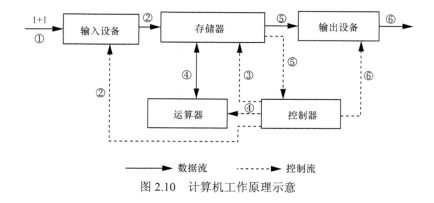

图 2.10　计算机工作原理示意

在冯·诺依曼提出计算机的体系结构之前，计算机还存在一些缺陷，首先，计算机采用布线连接的方式进行控制，有的时候为了完成一个几分钟的计算，准备时间却需要花费好几个小时。其次，每台计算机只能执行实现固定用途的程序，比如一台计算机仅有固定的数学计算程序，那它就不能用来打游戏。如果非要打游戏，就需要修改计算机的线路、结构，从而实现计算机程序的变化，计算机的工作效率大大下降。

为了解决上述问题，冯·诺依曼提出了存储程序为核心的计算机体系结构，改善了原有计算机存在的问题，增强了计算机的通用性。存储程序的基本原理是自动顺次执行每条指令，这种设计的优点在于计算机在控制方面较简单。

2.3.2　存储程序的改进

随着计算机技术的不断发展，冯·诺依曼式计算机也逐渐显露了一些弊端。由于指令在存储器中是顺次存放执行的，因此采用的是串行的处理方式，但是当面对大量的操作指令时，这种串行方式存在执行速度慢、计算机内各部件利用率较低等问题。针对这种情况，计算机设计人员研发出了两种存储程序的改进结构，分别从时间并行和空间并行的角度实现。

1. 流水线

流水线技术是实现时间并行的代表技术。所谓流水线就是把一个重复时序过程划分成若干个子过程，每个子过程都有专用的功能部件，各部件顺序连接不会发生断流，子过程可以在其专用功能段上和其他子过程同时执行。流水线虽然无法提高单条指令的执行速度，但是可以增加计算机的吞吐量，有助于减少资源的空闲，缩短整个工作任务的执行时间。

来看一个简单的例子，以区分顺序方式和流水线方式的区别。假设洗衣店有4 袋要洗的衣服，洗衣店需要将每袋衣服进行清洗、甩干、折叠、放置这 4 个步骤，并且每个步骤耗时 30 min。上述洗衣店的整体操作流程就可以看作一个重复时序过程，该时序过程可以划分为清洗、甩干、折叠、放置这 4 个子过程。如果是顺序方式执行，洗完这 4 袋衣服的时间如图 2.11 所示，累计耗时 8 h。如果是流水线方式执行，洗完这 4 袋衣服的时间如图 2.12 所示，累计耗时 3.5 h。

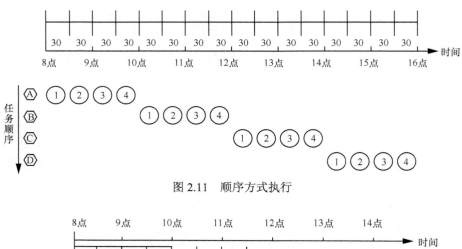

图 2.11　顺序方式执行

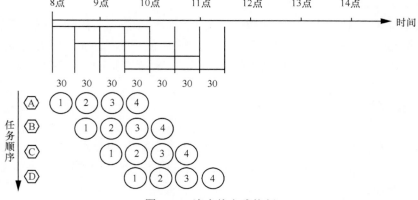

图 2.12　流水线方式执行

评价流水线性能通常从吞吐率、加速比、效率 3 个方面来衡量。吞吐率表示单位时间内流水线所能完成的任务的数量或输出结果的数量。加速比使用流水线的速度与等功能非流水线速度的比值来表示。效率指的是流水线的设备利用率。由于流水线具有通过时间和排空时间，因此流水线的各段并不是一直满负荷工作，设备的利用率通常小于 1。

2．多核与超线程

多核处理器是指在一枚处理器中集成两个或多个完整的计算引擎（内核），此时处理器能支持系统总线上的多个处理器，由总线控制器提供所有总线控制信号和命令信号。之所以会产生多核技术，是因为单纯提高单核芯片的速度会产生过多的热量，并且性能无法得到相应的改善。多核芯片采用分治的方法，通过划分任务，使线程可以充分利用多个内核并行执行，在相同时间内多核芯片可以执行更多任务。

超线程（Hyper-Threading，HT）是Intel公司 2002 年公布的一种技术。超线程技术就是通过采用特殊的硬件指令，把两个逻辑内核模拟成两个物理超线程芯片，在单处理器中实现线程级的并行计算，同时在相应的软硬件的支持下大幅提高运行效能，从而实现在单处理器上模拟双处理器的效能。

同样都是利用多线程的并行执行来提升任务的处理效率，那么多核和超线程的区别在哪里？在看下面的例子之前，需要先了解 CPU 中的两个相关模块，运算处理单元（Processing Unit，PU）和架构状态单元（Architectual State，AS）。PU 主要负责执行具体的运算，比如算数运算、加减乘除运算等。AS 负责一些逻辑和调度方面的操作，比如控制内存访问等。

一般情况下，一块传统意义上的单核 CPU 包含一个 PU 和一个 AS。比如我们可以将单核 CPU 看作一个小饭店，这个饭店只有一名服务员和一名厨师，顾客先找服务员点菜，然后服务员再将菜单传给厨师，由厨师进行菜品的烹饪。这里就可以将服务员看作 AS，而厨师则是 PU。

接下来看看多核 CPU，这里以四核为例，每一个物理核都包含一个 PU 和一个 AS，那么一个四核 CPU 就包含 4 个 PU 和 4 个 AS。继续用上面小饭店的例子，如果一下来了 10 多位顾客，那么刚才的小饭店估计要忙不过来了。这时就需要一个相对大一些的饭店，此时将这个多核 CPU 看作新饭店，那么这个饭店里有 4 名服务员和 4 名厨师，4 名服务员可以同时为不同的顾客点单，同样 4 名厨师也可以同时炒菜，这样新饭店的工作效率比原来提升了 4 倍。

最后来看超线程技术，如果 CPU 具有超线程技术，那么在一个物理内核里面就有一个 PU 和两个 AS。这里以四核并且具有超线程技术的 CPU 为例，那么该 CPU 就具有 4 个 PU 和 8 个 AS。继续用上面小饭店的例子，当一个服务员对应一个厨师的时候，如果遇到点菜比较慢的客人，则厨师在后厨则处于闲置状态；如果现在饭店有 8 名服务员，4 名厨师，为每名厨师配备两名服务员的话，就在很大程度上提高了厨师的使用率。

图 2.13 展示了单核、多核和超线程的对比关系，其中线程 1 和线程 2 图标表示 CPU 处于工作状态，空闲图标表示 CPU 处于空闲状态。图 2.13(a)～图 2.13(c)分别表示传统的单核 CPU、不具备超线程技术的双核 CPU、具备超线程技术的单核 CPU，通过对比可以看到，从单核增加到双核，CPU 使用率并没有增加；但采用了超线程技术后，虽然只有一个内核，但是 CPU 使用率提高了。

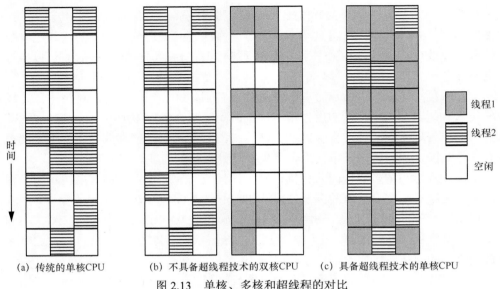

（a）传统的单核CPU　　　（b）不具备超线程技术的双核CPU　　（c）具备超线程技术的单核CPU

图 2.13　单核、多核和超线程的对比

2.4　计算机系统

计算机系统由硬件系统和软件系统这两部分构成。硬件系统是指构成计算机系统的各种物理设备的总称，软件系统是指计算机系统中的程序及其文档。计算机系统组成如图 2.14 所示。

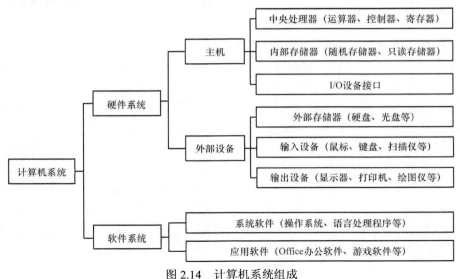

图 2.14　计算机系统组成

2.4.1 计算机硬件

硬件系统可以细分为主机和外部设备这两大类，其中主机包括中央处理器、内部存储器、I/O 设备接口，外部设备包括外部存储器、输入设备、输出设备。

1. 中央处理器

中央处理器是硬件系统中的重要部件，是控制数据操控的电路，通常简称为处理器，用 CPU 表示。

中央处理器由三部分组成，即运算器、控制器、寄存器。运算器是计算机内执行各种算术运算和逻辑运算操作的部件，是计算机的核心部分，由算术逻辑单元、累加寄存器、状态条件寄存器、数据缓冲寄存器构成。控制器是计算机的指挥部，它的主要职责是从存储器中取出指令并对指令进行译码操作，然后根据指令要求向其他部件发送信号。控制器主要构成部分有指令寄存器、程序计数器、指令译码器和地址寄存器等。寄存器是中央处理器中重要的存储单元，可以用来暂存指令和地址。根据寄存器的功能可以将寄存器划分为通用寄存器和专用寄存器。

2. I/O 设备接口

I/O 设备接口是中央处理器和输入/输出设备之间交换信息的媒介和桥梁，主要职责是利用系统总线实现中央处理器和 I/O 电路、外围设备的互连。

I/O 设备接口通常连接的是外部设备，常见的接口有 PS/2 接口、eSATA 接口、VGA 接口、DVI 接口、HDMI 接口、网线接口、USB 接口、音频接口等。PS/2 接口用于连接鼠标和键盘设备。eSATA 接口是连接移动存储设备的高速 SATA 接口，可用于连接移动硬盘等高速移动设备。VGA 接口、DVI 接口、HDMI 接口用于连接显示器设备。目前的主板一般都会集成网卡，因此网线接口用于连接网线，使计算机能够联网使用网络资源。USB 设备以其携带方便、可以热插拔、标准统一的优点受到大众的青睐，因此 USB 接口被广泛使用，USB 接口经历了 1.0、2.0、3.0 三代的发展，传输速率已大大提升。音频接口是主板上集成声卡的接口，用于连接麦克风等音频设备。

3. 输入设备

输入设备负责向计算机提供如字符、图像、声音等原始数据，再将原始数据转换为计算机能够识别的信息并传送到存储器中进行存储。

常见的输入设备有鼠标、键盘、扫描仪、手写板、触摸屏等。

4. 输出设备

输出设备负责将计算机的处理结果转换为人们可以识别的信息输出。

常见的输出设备有显示器、打印机、绘图仪等。

5．存储器

存储器包括内部存储器和外部存储器，由于 2.1 节已经给出介绍，这里不再赘述。

2.4.2　计算机软件

计算机软件是指安装在计算机系统中的程序和有关的文件。程序是对计算任务的处理对象和处理规则的描述；文件是为了便于了解程序所需的资料说明。程序必须装入计算机内部才能工作，文件一般是给人看的，不一定装入计算机。

软件是用户与硬件之间的接口界面。使用计算机就必须针对待解的问题拟定算法，用计算机所能识别的语言对有关的数据和算法进行描述，即必须编写程序和软件。用户主要通过软件与计算机进行交互。

从软件用途的角度看，可以将计算机软件分为系统软件和应用软件。

1．系统软件

系统软件是位于计算机系统中最靠近硬件的一层，其他软件一般都通过系统软件发挥作用。系统软件通常是指由计算机设计者提供的计算机程序，其与计算机的具体应用无关，是在系统级别上为计算机提供服务的软件。对计算机的管理、控制、维护、运行都是通过系统软件来实现的，这些功能可以使用户更加便利地操作计算机。

常用的系统软件有操作系统、语言处理程序、数据库管理系统等。操作系统是最核心、最重要的系统软件，它用于管理和控制计算机中的软硬件资源，是其他软件运行的基础。语言处理程序通常包括汇编程序、编译程序、解释程序和相应的操作程序等，它是一款专门为用户设计的，可以让用户更好地进行程序编写的软件，通过这款软件就可以将用户使用高级语言编写的源程序翻译成计算机能识别的目标程序。数据库管理系统是管理和操作数据库的大型系统软件，通过该软件可以实现数据库的创建、使用、维护等功能。

2．应用软件

应用软件通常是指为了解决不同用户不同领域的实际应用问题而编写的程序，其没有语言限制，用户可以使用自己熟悉的程序设计语言编写。

常见的应用软件有办公室软件、互联网软件、多媒体软件等，比如 Office 系列办公软件、QQ 即时通信软件、Photoshop 图像处理软件、Flash 播放器软件等。

2.4.3　硬件与软件之间的关系

计算机硬件是计算机的躯干，是计算机能正常运行的物质基础，如果没有硬件就没有所谓的计算机。计算机软件是计算机的灵魂，如果没有软件计算机就不能发挥出它的使用价值。计算机的软件和硬件是相辅相成、互为依赖的。

1．软件以硬件为基础

软件是计算机系统中的指挥者，它规定计算机系统工作的规则。程序是计算机软件的一部分，作为一种具有逻辑结构的信息，它精确而完整地描述了计算任务中的处理对象和处理规则。这一描述还必须通过相应的实体才能体现，这个实体就是硬件。软件开发以硬件为基础，如果没有硬件系统的依托，软件也无法发挥其作用，只有将两者完美地融合，才能最大程度地发挥出计算机系统的强大作用。

比如中国古老的计算工具算盘，算盘的盘体和算珠就相当于计算机系统的硬件，关于使用算盘的那些规则（例如算盘上部分的算珠每个代表 5，下部分的算珠每个代表 1，下面的算珠满 5 进 1 等）相当于计算机系统的软件，试想一下如果算盘没有盘体和算珠，这个算盘要怎么打？

再比如大家都知道可以通过视频软件看电影、电视剧等视频资源，而计算机显示器、主机等这些都属于计算机硬件。如果我们在看视频时没有显示器这个硬件的话，那这些视频软件虽然运行着，但也没能真正发挥其作用了，因此这些软件的本意是为用户带来更好的视觉体验，但是没有了显示器这个基础硬件的话，这个体验也就无从谈起了。

2．硬件为软件做优化设计

硬件在给软件提供基础平台的基础上，还可以为优化软件功能做出贡献，提升软件程序的运行速度。

寄存器分配就是一种可以提升程序执行速度的方法。合理分配寄存器是实现编译器优化的方法之一，好的寄存器分配可以大大提升程序的执行速度。因此在一个程序中尽可能多地将程序变量分配到寄存器中，就能够实现加快程序运算速度的目标。

虚拟存储器具有请求调入功能和置换功能，可以对内外存进行统一管理，能够从逻辑上对内存容量加以扩充，用户感觉到的内存比实际内存大得多，这样的存储器称为虚拟存储器。实现虚拟存储器需要硬件方面的支持，比如为了实现请求分页系统，计算机系统除了需要一定容量的内存和外存外，还需要有请求页表机制、缺页中断机构以及地址变换机构。

3．软硬件的相互替代性

在计算机发展的早期，硬件和软件之间可谓泾渭分明，然而随着时间的推移和技术的不断发展，为了适应新趋势，计算机层次也不断发生变化，最终使硬件和软件间的界限变得越来越模糊。

从逻辑上看，硬件和软件是等价的、可以相互替代的。任何能够由软件实现的操作都可以直接由硬件来完成,"硬件就是固化的软件"。任何能够由硬件实现的指令都可以通过软件来模拟。哪些功能需要由硬件实现,哪些功能需要由软件实现,这并不是一成不变的,它需要根据项目的成本、要求的执行速度、可靠性等因素来共同决定,并且会随着计算机技术的发展和计算机应用范围的变化而变化。

比如浮点加法,既可以利用硬件实现,也可以通过编写软件来实现。用硬件实现的优点是速度快、能耗低,但是不够灵活、升级成本较大。而用软件实现的优点是易于管理、成本低,但也存在能耗高等缺点。

再比如显卡的 3D 加速也是既可以用硬件实现,又可以用软件实现。还有较常用的虚拟机软件,例如 VirtualBox、VMware,就是通过硬件和软件的逻辑等价性,利用软件来模拟一系列的硬件,实现部分真实硬件的功能。

4．软硬件的价格变化

对于计算机这个以科技创新高速发展著称的行业,每天都会有新的软件、硬件被研发出来,随着计算机行业近几十年的快速发展,软件、硬件的价格也发生了一些变化,图 2.15 展示了从 1950—1985 年的软硬件成本变化规律。随着技术的创新与突破,生产计算机芯片的成本降低了,计算机价格也越来越便宜,因此计算机的人均占有率也稳步提升,计算机销量大大增加。

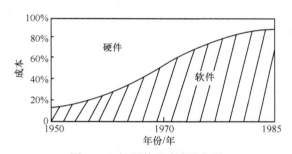

图 2.15　软硬件成本变化规律

20 世纪 60 年代初,一个晶体管的价格为 10 美元左右,但随着晶体管的发展,晶体管变得越来越小,直到小到一根头发丝上可以放 1 000 个晶体管时,每个晶体管的价格降到只有 0.001 美分。据有关统计,按运算 10 万次乘法的价格算,IBM 704 计算机价值 1 美元,IBM 709 计算机降到 20 美分,而 20 世纪 60 年代中期 IBM 耗资 50 亿研制的 IBM 360 系统计算机已变为 3.5 美分。

软硬件是不能分离的整体,但是两者的价格变化趋势却不尽相同。软件价格取决于软件的开发周期、功能的完善程度、维护难度,以及当地技术人员的薪金水平等因素。因此软件并不会像硬件那样遵循摩尔定律,在价格上有很明显的下降趋势。

Windows Server 2003 刚发行时,5 用户标准版售价 999 美元,10 用户标准版售价 1 199 美元，25 用户企业版售价 3 999 美元。而 Windows Server 2008 在 2008 年发行时，5 用户企业版售价 999 美元，25 用户企业版售价 3 999 美元。虽然后者服务器操作系统在性能方面较前者有很大的提升，但软件价格变化趋势不明显。

参考文献

[1]　王汝传. 计算机程序设计语言的发展[J]. 信息化研究, 1999(11): 1-5.

[2]　林立. 约翰·凯梅尼—BASIC 语言的主要发明人[J]. 微电脑世界, 1997(7): 137-138.

[3]　吴迪, 徐宝文. Ada 语言的发展[J]. 计算机科学, 2013, 41(1): 1-15, 38.

练 习 题

1. 比较随机存储器与只读存储器的区别。

2. 计算机中采用多种存储设备的原因是什么？

3. 简述计算机程序设计语言的发展过程。

4. 谈谈存储程序的作用，其优点是什么？缺点是什么？

5. 设想不采用存储程序结构的计算机如何工作。

6. 除了材料中提到的存储程序的改进方案外，你能否提出一些新的方案。

7. 思考汇编器和编译器的区别。

8. 简述计算机硬件的核心组成部分以及作用。

9. 除了材料中提到的应用软件，你认为还有哪些软件属于应用软件，列举一下。

10. 结合实际生活谈谈你对计算机软硬件的认识。

11. 简述计算机的硬件和软件之间有什么联系？

第3章
算　法

3.1　基本概念

3.1.1　算法的定义

首先我们回想一下平时打电话的场景，如图 3.1 所示。

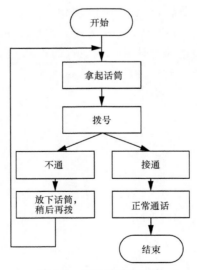

图 3.1　打电话过程示意

上述打电话过程其实就是一个算法，进而我们来看一下算法的具体定义。算法是对解题方案准确而完整的描述，是一系列解决问题的清晰指令。算法代表着

用系统的方法描述解决问题的策略机制，其能够对一定规范的输入在有限时间内
获得所要求的输出。

3.1.2　算法的特征

1．有穷性（Finiteness）

算法的有穷性是指算法必须能在执行有限个步骤之后终止，而且每个步骤都
可以在有穷的时间内完成。

2．确定性（Definiteness）

算法的每一个步骤必须有确切的定义，这样读者在理解时不会产生二义性。
在任何情况下，算法有且只有一条执行路径，也就是说对于相同的输入数据，得
到的输出结果必然相同。

3．可行性（Effectiveness）

算法中执行的任何操作都是可以被分解为基本运算执行的，即每个计算步骤
都可以在有限时间内完成（也称之为有效性）。

4．输入项（Input）

一个算法有零个或多个输入，以刻画运算对象的初始情况，所谓零个输入是
指算法本身给定了初始条件。

5．输出项（Output）

一个算法有一个或多个输出，以反映对输入数据加工后的结果，输出结果与
输入数据存在某种特定的关系。没有输出的算法是毫无意义的。

3.1.3　算法的评价

对于一个已经写好的算法，怎么来评价这个算法的好坏呢？通常都会使用一
些评价指标来综合判断，常用的判断标准有时间复杂度、空间复杂度、正确性、
可读性、稳健性。

1．时间复杂度

算法的时间复杂度是指执行算法所需要的计算工作量。一般来说，计算机算
法是问题规模 n 的函数 $f(n)$。

2．空间复杂度

算法的空间复杂度是指算法需要消耗的内存空间。

3．正确性

算法的正确性是评价一个算法优劣最重要的标准。

4．可读性

算法的可读性是指一个算法可供人们阅读的容易程度。

5．稳健性

算法的稳健性是指一个算法对不合理数据输入的反应能力和处理能力，也称为容错性。

3.1.4　算法的分类

算法有很多种，对算法进行分类有助于更好地理解算法的内容。算法的分类有很多种，比如可以根据算法的运算方式将算法划分为数值计算和非数值计算，也可以根据算法的确定性将算法划分为确定算法和随机算法，还可以根据算法的执行特性将算法划分为同步算法和异步算法。

1．数值算法和非数值算法

数值算法是指基于代数关系运算实现的算法。例如求 100 以内的素数、贪心算法求最短路径、矩阵运算等。非数值算法是指基于关系运算实现的算法，但是最终的结果和具体的数字无关。例如选择算法、排序算法、图论算法等。

2．确定算法和随机算法

确定算法是指每一步都能明确地指明下一步操作应该如何完成的算法。例如分治、穷举、贪心、动态规划问题等都属于典型的确定算法。随机算法是指算法的执行过程具有不确定性，根据一定的接收概率来决定下一步要进行的操作。例如遗传算法、模拟退火算法、蚁群算法、Miller-Rabin 算法等都属于随机算法。

3．同步算法和异步算法

同步算法是指算法的多个进程在执行过程中必须相互等待，一个进程执行完后才能执行下一个进程。例如时间同步算法、先来先服务调度算法等。异步算法是指算法执行过程中多个进程可以同步进行，不需要相互等待。例如归并排序算法等。

3.1.5　算法的表示方法

1．自然语言表示法

自然语言表示法就是使用平时与人沟通时所用的语言来描述算法的执行过程。这种方法的优点是通俗易懂，比较适合初学者在处理较简单的算法问题时使用。缺点是对于较复杂的问题在表述时易出现歧义、表述不清等问题。

例如，设计一个算法，求 100 以内能被 7 整除的数。用自然语言表示该算法如下：设能被 7 整除的数为 a，令 a=1, 2, 3,…, 100。如果 a 能被 7 整除，则输出 a，否则检查下一个，直到 a=100。

2．伪代码表示法

伪代码是介于自然语言和计算机语言之间的一种算法表示方法。它的优点在于书写方便，便于初学者理解，向程序过渡时较容易。伪代码程序以 begin 开始，以 end 结束。伪代码中常用的部分有选择、赋值和循环。

（1）选择

常用格式如下。

```
if 条件  then { 指令 1 }
            else { 指令 2 }
```

（2）赋值

:= 或←为常用的赋值操作符，这两种赋值符都表示把赋值符右边的值赋给左边。

（3）循环

循环结构常用的两种表示为计数式循环和条件式循环。

① 计数式循环格式如下。

```
for 变量:= 初值  to  终值
{    指令
}
```

② 条件式循环格式如下。

```
While 条件  do
{    指令
}
```

下面列举几个使用伪代码解决算法问题的例子。

例 1　输入 3 个数，打印输出其中的最小值，用伪代码表示如下。

```
begin（算法开始）
输入 3 个数 a, b, c，最小值用 min 表示
if a < b, 则 min←a
否则 min←b
if c < min,则 min←c
print min
end （算法结束）
```

例 2　求 5 的阶乘，用伪代码表示如下。

```
begin（算法开始）
factorial ← 1
i ← 2
while i < 6  do
{ factorial ← factorial × i
  i ← i+1
}
print factorial
end （算法结束）
```

3．流程图表示法

流程图就是使用一些简单的框图符号来表示算法的整体执行过程，这种方法适用于分支选择结构较多的算法程序，可以增强算法的可读性，使其简单明了。

（1）流程图基本符号

常用的流程图符号有 5 个，分别是起止框、处理框、判断框、输入输出框、流程线，如图 3.2 所示。起止框表示一个算法的开始或结束。处理框表示算法中的具体操作。判断框表示条件分支中的判断条件。输入输出框表示算法程序中需要输入或者输出的数据。流程线表示算法的执行顺序，用于连接前 4 种流程图符号。

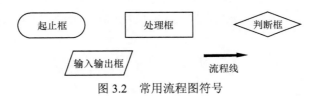

图 3.2　常用流程图符号

（2）基本控制结构

程序中常用的基本结构有 3 种，分别是顺序、选择和循环。顺序结构是最基础的结构，由上到下顺序执行每个操作内容，如图 3.3(a)所示。选择结构需要依据条件进行判断，条件为真，走一个分支，条件为假，走另一个分支，如图 3.3(b)所示。循环结构可以重复执行某一部分结构。常用的两种循环结构为 while 循环和 do-while 循环。while 循环先进行条件判断，然后执行循环体，而 do-while 循环则是先执行一次循环体，然后再判断条件，分别如图 3.3(c)和图 3.3(d)所示。

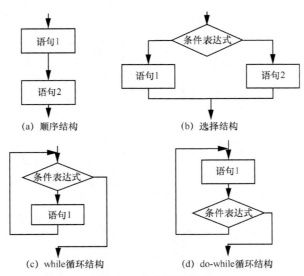

图 3.3　基本控制结构

用流程图表示法求 5 的阶乘如图 3.4 所示。

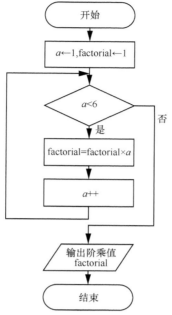

图 3.4　使用流程图求 5 的阶乘

3.2　解空间搜索

我们来看下面这个问题。一位父亲请数学家猜测他 3 个孩子的年龄，并给出如下 3 个提示：3 个孩子的年龄之积等于 36，3 个孩子的年龄之和等于 13，孩子中的老大在小的时候没有其他孩子跟他一起玩。

下面对问题进行分析。首先设定初始解空间，利用集合 S 来表示所有可能的解的集合，$S=\{(i, j, k)|i, j, k$ 是非负整数$\}$，i, j, k 分别表示 3 个孩子的年龄。接着根据第一个提示条件（3 个孩子的年龄之积等于 36）可以得出所有可能的解空间集合 $S_1=\{(1, 1, 36), (1, 2, 18), (1, 3, 12), (1, 4, 9), (1, 6, 6), (2, 2, 9), (2, 3, 6), (3, 3, 4)\}$。然后根据第二个提示条件（3 个孩子的年龄之和等于 13），在 S_1 集合中筛选出符合条件的解空间集合 $S_2=\{(1, 6, 6), (2, 2, 9)\}$。最后在 S_2 的基础上结合第三个提示，就可以求得最终解的集合 $S_3=\{(2, 2, 9)\}$。完整的处理过程如图 3.5 所示。

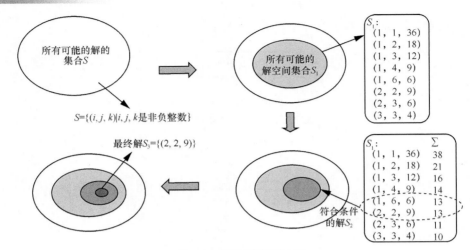

图 3.5   解空间搜索过程

我们再举另一个例子，假设有一根绳子长度为 12，要求把绳子分成三段，且每段绳子的长度是正整数，求这三段绳子可以组成的三角形个数。对问题进行分析时，首先确定可能的解空间 S，根据题意可知 $S=\{(1,1,10), (1,2,9), (1,3,8), (1,4,7), (1,5,6), (2,2,8), (2,3,7), (2,4,6), (2,5,5), (3,3,6), (3,4,5), (4,4,4)\}$。然后根据题中给出的条件进一步缩小集合 S 的范围，因为要求三段绳子组成三角形，就表示任意两条边的和都大于第三条边，所以题目的最终解集合 $S=\{(2,5,5), (3,4,5), (4,4,4)\}$。

通过上面的例子，我们可以总结出一般的解题步骤。首先确定合理的解空间，然后利用已知条件尽可能地压缩解空间，最后当解空间足够小时直接找到最终解。

3.3 穷举算法

当我们想要在一个数据结构中找到某个指定的元素时，我们需要按顺序一个接一个地访问这个结构内的所有元素，直到找到那个指定的元素，这种方法就是穷举搜索。

穷举搜索有时是解决一个算法问题的唯一途径，但通常存在许多更好的方法可以解决问题。例如，如果想使用穷举搜索方法在电话本中找到某个人的电话号码，你需要依次查看电话本中每个人的名字，直到找到你要找的那个人的名字（或者最终发现电话本中根本不存在这个人）。这种方法的缺陷就是查找过程会耗费很长的时间。另一种方法是，你可以根据要查找的人名的首字母大致估计一下该名字在电话本中的位置，这样就能快速并且准确地找到目标姓名，这种方法叫作插值搜索。与穷举搜索相比，这种搜索方法更加高效。因此在很多情景下，穷举搜索并不是最佳的解决方法，但是如果没有别的解决方法时，穷举搜索也是一种解决问题的方法。

古代数据家张丘建在《算经》中提出的百钱百鸡问题就是经典的穷举搜索问题。问题描述如下，公鸡五钱一只，母鸡三钱一只，小鸡一钱三只，现有一百文钱，要求每种鸡至少一只，问各种鸡能买多少只。假设公鸡、母鸡、小鸡的个数分别是 x、y、z，根据题目描述可以得到两个方程 $x+y+z=100$，$5x+3y+\frac{z}{3}=100$。为保证求得的 $\frac{z}{3}$ 为整数，对算法进行优化，将第二个方程变换为 $15x+9y+z=300$，z 用包含 x、y 的表达式表示，即 $z=100-x-y$，使用两个 for 循环语句即可穷举出所有符合条件的公鸡、母鸡和小鸡数。

许多有趣的算法问题都会包含一些几何图形的概念，例如点、线、距离。这类问题比较具有迷惑性，通常从人类视觉角度看起来很容易解决，但实际上对算法设计者来说是个不小的挑战。

下面看一个求多边形最大距离的例子。有一个凸多边形，如图 3.6(a)所示。假设我们要找到边界线上的两点间的最大距离，将多边形顶点按顺时针方向依次编号，在这个多边形中很容易就能找到两点间的最大距离（顶点 3、6 间的距离是最大距离），而不需要沿着多边形的边缘依次比较一遍。

如果使用常规算法，则需要考虑所有的顶点对。这需要计算每个顶点对间的距离，且每次计算出来的顶点间距离都要跟当前的最大距离做比较，如果新计算出来的距离比当前的最大距离还要大，就让新的距离作为当前的最大距离，并且更新顶点信息。仔细思考这个方法可以发现，解决过程实际上是遍历了一个二维数组，这个数组的行列值均为顶点编号，例如数组值<I,J>表示的就是顶点 I 到 J 的距离。针对这种遍历问题，使用嵌套循环就可以很容易地实现。

下面考虑是否存在更加高效的算法，如果能只考虑像图 3.6(a)中<1, 4>、<2, 5>、<3, 6>这样相对的点对，就意味着只需要遍历特殊的顶点对而不是遍历所有的顶点对，这样算法则更加高效，使用一层循环就能完成遍历。但实际上并没有听起来那么简单，并不是每次两点间的最大距离都出现在相对的顶点间，比如像图 3.6(b)所示那样，该多边形中两点间的最大距离出现在两个相邻的顶点处，如果只考虑相对顶点间的距离，那么实际上的最大距离将会被错过。最好的解决方法是，使用单一循环并且考虑那些"对"的顶点对，如图 3.7 中证明的那样。

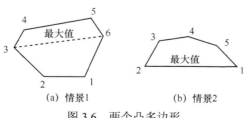

(a) 情景1　　　　　　　　(b) 情景2

图 3.6　两个凸多边形

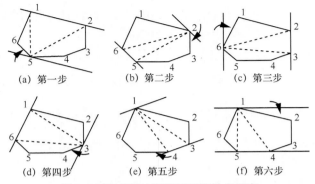

(a) 第一步　　　　(b) 第二步　　　　(c) 第三步

(d) 第四步　　　　(e) 第五步　　　　(f) 第六步

图 3.7　通过顺时针遍历寻找最大距离

让我们来描述一下这个过程。

① 首先考虑顶点 1、2 间的连线，接着做一条平行线，如图 3.7(a)所示。同时顺时针旋转两条线，直到某一条线能与多边形的一条边拟合，如图 3.7(b)所示，旋转后的线首先与顶点 5、6 间的边拟合。

② 然后调整另一条线使之与顶点 5、6 间的边平行，调整后的线经过顶点 2。计算顶点 2 到顶点 5、6 的距离，并与之前的最大距离做比较。

③ 最后根据上面的方法继续旋转、计算距离，直到平行线重新经过顶点 1 时程序结束，此时的最大距离就是所有顶点间的最大距离。

3.4　分治算法

通常解决一个问题的方法是将这个问题划分成若干个同种类型的子问题，然后分别解决这些子问题，最后将这些结果整合到一起形成最终的答案。如果子问题的描述很精确，输入量少且简单时，使用递归法则更适合。

在使用分治算法求解问题的例子中，汉诺塔问题算是一个较经典的问题，它的求解过程就用到了递归的思想。问题描述如下，一块铜板上有 a、b、c 三根柱子，a 柱子上自上而下、由小到大串着 64 个圆盘，现要求将 a 柱子上的 64 个圆盘移动到 c 柱子上，每次只能移动一个圆盘，且小圆盘不能放到大圆盘上面，移动过程可以借助 b 柱子来完成。

我们先来考虑一种简单的情况，假设 a 柱子上只有 3 个圆盘，从小到大分别编号为 i、j、k。可以将这个问题分治成两个子问题，一个是将 i、j 移动到 b 柱子上，另一个是将 k 移动到 c 柱子上。移动过程描述如下：首先将 i 圆盘移动到 c 柱子上，j 圆盘移动到 b 柱子上；其次将 i 圆盘移动到 b 柱子上，将 k 圆盘移动到

c 柱子上；再次将 i 圆盘移动到 a 柱子上，将 j 圆盘移动到 c 柱子上；最后将 i 圆盘移动到 c 柱子上。整个移动过程如图 3.8 所示。

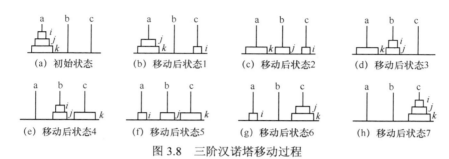

(a) 初始状态　　　(b) 移动后状态1　　　(c) 移动后状态2　　　(d) 移动后状态3

(e) 移动后状态4　　　(f) 移动后状态5　　　(g) 移动后状态6　　　(h) 移动后状态7

图 3.8　三阶汉诺塔移动过程

考虑一般的情况，当圆盘个数为 n 时，首先需要按照规则要求把 $n-1$ 个较小的圆盘从 a 柱子移动到 b 柱子上，然后把最大的圆盘从 a 柱子移动到 c 柱子，最后按照规则要求把 $n-1$ 个圆盘从 b 柱子移动到 c 柱子。这样 n 个圆盘的移动问题就可以分解为两次 $n-1$ 个圆盘的移动问题，在汉诺塔的例子中我们可以清晰地看到分治的思想：通过解决 $n-1$ 个圆盘的问题来解决 n 个圆盘的问题。

看另一个例子，假设有一个杂乱无序的电话本或者有一个无序的链表 L，需要从中找到最大值和最小值。很明显，我们遍历一次链表，就能找到最大值和最小值。下面利用分治算法更加高效地解决这个问题。

（1）如果 L 只包含一个元素，那么这个元素既是最大值又是最小值。如果 L 包含两个元素，那么小的那个是最小值，大的那个是最大值。

（2）其他情况按如下操作。

（2.1）将 L 切分为两部分，L 左和 L 右。

（2.2）分别找到两部分的极值：L 左半部分的最大、最小值和 L 右半部分的最大、最小值。

（2.3）对比 L 左半部分的最小值和 L 右半部分的最小值，将较小的那个作为 L 的最小值。

（2.4）对比 L 左半部分的最大值和 L 右半部分的最大值，将较大的那个作为 L 的最大值。

很明显，对于步骤（2.1）中的划分，也可以按照奇偶性将 L 划分成两个部分，奇数项会比偶数项多一个元素。

如果步骤（2.2）要求使用递归执行，这个问题可以划分为 L 左和 L 右精确地求最大最小值问题。与汉诺塔程序相比，这个递归并不像看起来那么简单，因为后续会使用递归调用得到的结果。

下面是扩展子程序的结果，将其应用于最大最小值问题。

（1）如果 L 只包含一个元素，那么最大、最小值均为 L；如果 L 包含两个元素，那么将大的那个元素设置为最大值，将小的那个元素设置为最小值。

（2）其他情况如下。

（2.1）将 L 划分成两个部分，L 左和 L 右。

（2.2）调用子程序来寻找 L 左部分的最大值和最小值。

（2.3）调用子程序来寻找 L 右部分的最大值和最小值。

（2.4）比较 L 左中的最小值和 L 右中的最小值，将较小的设置为最小值。

（2.5）比较 L 左中的最大值和 L 右中的最大值，将较大的设置为最大值。

（3）返回求得的 L 的最大值和最小值。

分治策略不仅能够处理链表的极值问题，而且在对链表进行排序的问题上也很有帮助。当对至少包含两个元素的链表进行排序时，我们先将链表分成 L 左和 L 右两部分，同时递归调用这两部分进行排序。就像上例中一样，一个元素的情况单独考虑。为了获得最终对 L 排序的结果，我们将两部分的排序结果合并为一个完整的部分，合并时需要每次比较两个部分的第一个元素，将较小的值放到链表的前面。这个算法称作合并排序算法，过程如图 3.9 所示。

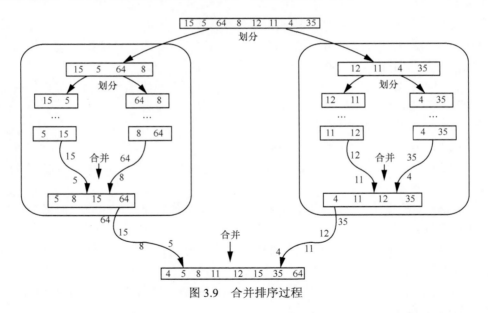

图 3.9　合并排序过程

分治算法能解决很多实际问题，但在具体应用中应该考虑把原有问题划分成多少个子问题最合适。从实践角度出发，当各个子问题规模相当时处理效率最高。一般情况下通常将原有问题划分成两个规模相当的子问题进行求解。求解伪币问题就可以使用分治算法。若有一个装有 16 个硬币的袋子，其中有一个硬币是伪造的，并且那个伪造的硬币比真的硬币要轻一些，提供一台可用来比较硬币重量的天平。用分治算法解决这个问题，首先将 16 个硬币看作原有问题，将原有问题划分成两个子问题，即随机挑选 8 个硬币作为一组，其余 8 个作为另一组，在天平上比较两组硬币的重量，将较轻的那组看作新的原有问题。其次把这组的 8 个硬币再随机分为两组，每组 4 个硬币，继续用天平比较重量。再次将较轻的一组继续划分为两组，每组 2 个硬币，用天平比较重量。最后再将较轻的那组继续划分成每组 1 个硬币，用天平比较这 2 个硬币，轻的则为伪币。

3.5　贪心算法

　　许多算法问题要求在合适的可能性中产生最好的结果。假设有一个城市需要建设铁路网络，这项工程由一个贪婪的铁路承包商负责，该承包商通过规划铁路线路来实现城市间的互通。但是合约中并没有指定任何标准，比如直达铁路的需求、城市所允许的最大连接数，所以贪婪的铁路承包商一般指定最便宜（即路程最短）的铁路线路组合。假设由于存在一些物理障碍，并不是所有城市间都可以通过铁路两两互通。在图 3.10(a)中，若给出了两城市间的距离，则表示这两个城市可以互通。我们进一步假设，连接城市 A 和 B 的花费与 A 到 B 的距离成比例。这样的网络图被称作标记图，或者简单图。图与树有些类似，但是树是不能封闭的，就是说树中不能包含圈或者循环结构，但是图可以。图 3.10(b)展示了城市间距离图和规划好的最短铁路网，后者有时也称作最小生成树。最小生成树是一个跨越图的树，可以到达每个节点（就本例来说是可以到达每个城市），而且是花费最少的（即各个城市间的距离总和是最短的）。

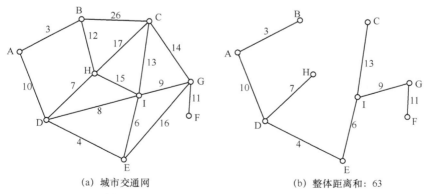

(a) 城市交通网　　　　　　　(b) 整体距离和：63

图 3.10　城市网络及跨越最小的铁路线路

解决这类算法问题的方法叫作贪心算法。贪心算法的思想是每次寻找局部最优解，然后将所有最优解组合起来构成最终解。使用贪心算法解决问题实际就是构造一棵最小生成树，每次在这棵树中加入当时权重最小的边。图 3.11 展示了贪心算法的求解过程，从权重值最小的边开始，每次加入一条当时权重值最小的边来扩展树的结构，但是要保证结构仍是一棵树。通常树形结构中不会包含环，假如取当前最小权重的边后构成了环，那就把这条边舍弃，将下一条权重次小的边加入树结构。例如从图 3.11(e)～图 3.11(f)，增加了一条权重为 9 的边，而没有选择权重为 8 的边（参照图 3.10(a)），因为选择权重为 8 的边会产生一个环。可以看到，按照这个策略最终产生了一个最小生成树，如图 3.11(h) 所示。

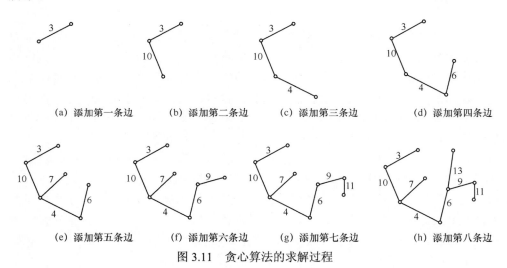

 (a) 添加第一条边 (b) 添加第二条边 (c) 添加第三条边 (d) 添加第四条边

 (e) 添加第五条边 (f) 添加第六条边 (g) 添加第七条边 (h) 添加第八条边

图 3.11 贪心算法的求解过程

另一个比较经典的贪心算法应用是活动安排问题。问题描述如下，设有 n 个活动的集合，每个活动要求使用同一个资源，而某一时刻该资源只能被一个活动占用。假设活动 i 的开始时间为 s_i，结束时间为 f_i，如果选择了活动 i，那么表示在 $[s_i, f_i)$ 时间段内该活动独占资源。如果时间段 $[s_i, f_i)$ 和 $[s_j, f_j)$ 不相交，则活动 i 和 j 相容。该问题就变为求最大的相容活动集合。

利用贪心算法求解该问题，首先按照活动的结束时间对这 n 个活动进行升序排列。每次挑选结束时间早的活动，并且要求该活动的开始时间要晚于前一个活动的结束时间，依照这个规则找出的活动就是最大相容活动集合。

贪心算法可以解决一些有趣的问题。很多时候利用贪心算法很容易就能得到结果，但是最困难的部分是怎么证明贪心算法求得的就是最优解。就像 3.6 节算法中展示的那样，有些情况不能使用贪心算法。

3.6 动态规划算法

动态规划算法与贪心算法类似，但也存在一些区别。动态规划算法同样包含一个城市网络，但是与贪婪的铁路承包商不同，这个问题中是存在一个疲惫的旅行者，他喜欢从一个城市到另一个城市旅游。尽管也有工作要做，也需要使用最少的钱完成任务，但是这两个问题的关键区别在于铁路承包商是用最小生成树来连接所有的城市，而旅行者的游览途径并不能产生一个最小生成树，而是产生了最短路径，也就是说从起始城市到目标城市的最短距离。通常情况下动态规划算法被用来解决最优解问题。

下面来看一个例子，为了方便阐述，我们假设城市图中的所有线都是定向的，即如果城市 A 到城市 B 有一条连线，那么表示旅行者可从城市 A 到城市 B，不能从城市 B 到城市 A。而且我们假设这个图是连通的，即图中没有不能连接到的城市。进一步假设，城市图中没有环结构，这样旅行者就不会在环里四处走动。这种图被称作有向无环图，简称 DAG。

现在有一个 DAG，而且旅行者想要从点 A 到点 B 游览。如果使用贪心算法来解决这个问题，那么将会产生一个路径，这个路径以 A 作为起点，每次增加一条还没游览过的且距离最短的边，直到最终到达城市 B。图 3.12 展示了一个贪心算法与动态规划算法对比的例子，使用贪心算法得到的路径是 15（如图 3.12(b)所示），使用动态规划算法从 A 到 B 的最短路径是 13（如图 3.12(c)所示）。由此可以看到，贪心算法得到的并不是最优解。动态规划算法首先选择长度为 5 的边连接到 C，然后再选择长度为 3 的边连接到 E，虽然这几步选择在当时看来都不是最优的，但是整体组合起来时却是整个问题的最优解。

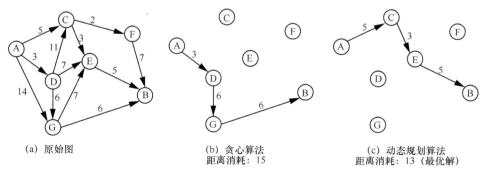

(a) 原始图　　　　　　　(b) 贪心算法　　　　　　　(c) 动态规划算法
　　　　　　　　　　　距离消耗：15　　　　　　　距离消耗：13（最优解）

图 3.12　贪心算法与动态规划算法对比

假设一些算法问题的解决方案由一些选择序列构成，这些选择可以组成最佳的解决方案。从图 3.12 的贪心算法例子中可以看到，如果每个步骤都选择当时的最优解，则最终的解并不是最优的。但是，通常的情况是通过考虑所有的组合才能找到最优解。例如在图 3.12 中，从 A 到 B 的最短距离就是求三段距离和的最小值，即首先从 C、D、G 中选择一个城市，然后再加上所选城市到 B 的距离。用符号 $L(X)$ 表示 X 到 B 的距离，因此有如下表达式成立。

$L(A)=\min \{5+L(C), 3+L(D), 14+L(G) \}$

$L(C)=\min \{2+L(F), 3+L(E) \}$

$L(D)=\min \{7+L(E), 6+L(G), 11+L(C) \}$

$L(G)= 6$

$L(F)=7$

$L(E)=5$

表达式中没有 $L(B)$，因为 B 到 B 的距离是最短的，$L(B)=0$，因此不用再表示。通过上述表达式可以求出 $L(A)=13$，游览路线依次是 A、C、E、B。

通过上面这个例子，我们可以总结出使用动态规划解题的一般思路。首先将待求解的问题划分成若干个子问题，通常问题需要是离散的、可以分解的。然后通过存储每个子问题的解来避免子问题的重复执行，提高处理效率。最后通过子问题的解来得到原问题的解。

3.7　智能优化算法

算法的执行应该是确定的，但是随机算法是一种例外。在随机算法中，允许随机选择下一步要进行的操作。当然随机并不表示随意，当算法中遇到需要在多个值中进行选择时，要保证每个值的概率是已知的并且是可以控制的。随机算法就是一类不确定的算法，因为算法的执行可能因为概率的不同而不同。随机算法并不能保证所得的解一定是最优解，但是可以达到一定程度上的最优解。

3.7.1　模拟退火算法

模拟退火算法是一种通用概率算法，用来在一个较大的空间内寻找命题的最优解。模拟退火算法易与贪心算法混淆。下面用两个形象化的例子来感受贪心算法和退火算法的区别。对于贪心算法，假设有一只兔子，它总是跳到当前阶段最高的地方去，于是它找到了不远处的最高峰，但这座山峰不一定就是珠穆朗玛峰。

贪心算法找到的是局部最优解，并不能保证该解是全局最优解，它是一种简单的贪心算法。接着来看模拟退火算法，还是假设有一只兔子，但是这只兔子喝醉了酒，它的跳跃就充满了随机性，有时候朝高处跳，有时候向低处跳，跳着跳着兔子渐渐醒酒了，然后朝着最高山峰跳去。

　　下面用图示的方法感受一下区别。贪心算法实现很简单，其主要缺点是会陷入局部最优解，而不一定能搜索到全局最优。如图 3.13 所示，设 A 点为当前位置，使用贪心算法，那么当搜索到 B 点时可以得到局部最优解，搜索就会停止，因为在 B 点时无论向前还是向后移动，都找不到比 B 点更高的位置。模拟退火算法会按一定的概率来接受一个比当前解要差的解，因此有可能会跳出这个局部的最优解，达到全局的最优解。仍以图 3.13 为例，模拟退火算法在搜索到局部最优解（B 点）后会以一定的概率向 C 点移动。也许经过几次这样的不是局部最优解的移动后，能移动到 E 点，于是就跳出了局部最优解，找到了全局最优解（F 点）。

　　模拟退火算法在搜索解的过程中，采用 Metropolis 接受准则，以一定概率接受使目标函数值变差的解。根据 Metropolis 准则，粒子在温度 T 时趋于平衡的概率为 $\exp\left(-\dfrac{\Delta E}{kT}\right)$，其中 E 为温度 T 时的内能，ΔE 为其改变数，k 为玻尔兹曼（Boltzmann）常数。接受概率随温度下降逐渐减小，由于在整个解的领域范围内加入了随机因素，使算法跳出局部最优解，从而达到全局最优解。

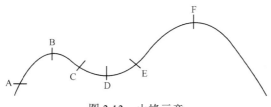

图 3.13　山峰示意

　　模拟退火算法可以用来处理旅行商问题。问题描述如下，一个旅行商要按一定的顺序访问 4 个城市，4 个城市每个都要被访问到且只被访问一次，最后旅行商要回到起点，要求访问过程中所走的路径和最短。首先任意输入 4 个城市的坐标 (10, 10)、(20, 10)、(30, 20)、(40, 20)，将这 4 个城市依次命名为 0、1、2、3。随机得到一个初始的路线，假设访问城市的顺序依次为 1、3、2、0。最初设定 3 种访问方案 currentSolution、workSolution、bestSolution，访问城市的顺序均为 1、3、2、0，访问距离总和为 64.72。然后随机交换 workSolution 中的两个城市的访问顺序，这里假设交换第二个和第三个城市的访问顺序，此时 workSolution 方案的城市访问顺序为 1、2、3、0，访问距离总和为 65.76。由于此时 workSolution 方案的路径和大于 currentSolution 的路径和，可以使用模拟退火算法，从 0~1 随机生成一个概率，这里生成的概率 test=0.96，ΔE=workSolution 方案路径和－currentSolution 方案路径和，根据公式 $\exp\left(-\dfrac{\Delta E}{T}\right)$ 计算出接受概率值，T 表示温度，设初始温度为 100℃，本例中计算出的接受概率为 0.99，大于 0.96，因此可以接受 workSolution 方案，将 workSolution 方案替换原有的 currentSolution 方案。本例中设置的降温系数为 0.99，因此温度由原来的 100℃ 下降到 99℃。此时 currentSolution 方案和 workSolution 方案的城市访问顺序均为 1、2、3、0，访问距离总和为 65.76；bestSolution 方案的城市访问顺序均为 1、3、2、0，访问距离总和为 64.72。只要温度高于设定的最小温度值（本例中设置的是 0.5℃）就继续循环进行判断，重复上面的过程，由于循环次数较多，这里就不再赘述。本次执行得到的最优解的访问路径是 1、3、2、0，但是由于模拟退火算法具有随机性，因此每次执行程序的结果也会不同，可能像本例一样找到最优解，也可能找不到解。

3.7.2　遗传算法

遗传算法，也可称作进化算法，是在达尔文进化论的启发下，借鉴生物的进化过程而提出的一种启发式搜索算法。进化过程可简单概括为在繁殖过程中会发生基因交叉、基因突变，那么适应度低的个体会被逐步淘汰，适应度高的个体会越来越多。那么经过 N 代的自然选择后，保存下来的个体都是适应度很高的，其中很可能就包含适应度最高的那个个体，对应到遗传算法中也就是要找的那个全局最优解。

举一个很形象的袋鼠跳问题来帮助理解。假设一些袋鼠被放置到喜马拉雅山脉的任意地方，而它们对寻找喜马拉雅山脉最高峰的任务毫无所知。每隔一段时间，就会在喜马拉雅山脉海拔较低的地方消灭一些袋鼠，其余存活的袋鼠可以在所处的地方繁衍后代。袋鼠们并不知道这样的规则，依旧蹦蹦跳跳，然后一直这样重复下去，海拔低的袋鼠被消灭，海拔高的袋鼠得以生存，若干年后袋鼠们都不自觉地聚集到了一个个的山峰上，只有聚集到珠穆朗玛峰上的袋鼠才是适应性最高的群体。

下面我们来手工模拟遗传算法的运算过程。利用遗传算法求二元函数 $f(x_1, x_2)=x_1^1+x_2^2$ 的最大值问题，其中 $x_1\in\{1, 2, 3, 4, 5, 6, 7\}$，$x_2\in\{1, 2, 3, 4, 5, 6, 7\}$。

① 对算法中的个体进行编码操作。由于 x_1 和 x_2 表示的是 1～7 的整数，可以用无符号的二进制数来表示，那么一个可行解就可以用由两个三位二进制数组合到一起形成的六位无符号数来表示。例如，个体的基因型 X=100101 所对应的表现型是 x=[4, 5]。个体的基因型 X 和表现型 x 之间可通过编码和解码程序相互转换。

② 初始化群体。因为遗传算法是针对群体完成的进化操作，所以需要给定群体一个初始状态。在这里我们规定群体规模为 4，且每个个体通过随机方法产生，例如群体中的 4 个个体分别为 011101、101011、011100、111001。

③ 计算适应度。个体的适应度值是用来评判个体优劣程度的重要参数，它决定了遗传机会的大小。在这个例子中，由于目标函数总为正整数，因此我们直接使用目标函数值作为个体的适应度值。

④ 选择当前群体中适应度较高的个体，并按某种规则或模型遗传到下一代群体中。在这里，我们使用与适应度成正比的概率来确定每个个体复制到下一代中的概率。具体操作过程如下：首先计算出群体中所有个体的适应度总和 $\sum f_i$（ $i=1$，$2,\cdots, M$ ）；其次计算出每个个体的相对适应度 $\dfrac{f_i}{\sum f_i}$，这里的相对适应度就是每个个体被遗传到下一代群体中的概率，每个概率值组成一个区域，全部概率值之和为 1；最后再产生一个 0～1 的随机数，依据该随机数出现的概率区域来确定各个个体被选中的次数。相应选择运算结果如表 3.1 所示。

表 3.1　选择运算结果

个体编号	初始群体 $p(0)$	x_1	x_2	适值	相对适应度	选择次数	选择结果
1	011101	3	5	34	0.24	1	011101
2	101011	5	3	34	0.24	1	101011
3	011100	3	4	25	0.17	0	111001
4	111001	7	1	50	0.35	2	111001
总和				143	1		

⑤ 进行交叉运算，以某一概率相互交换两个个体间的部分内容从而产生新个体。这里采用单点交叉的方法，首先对群体内的个体随机配对，然后随机设置交叉点的位置，最后交换配置个体之间的部分内容，过程如表 3.2 所示。从表 3.2 中可以看出，新产生的个体 111101、111011 的适应度比原来的两个个体的适应度要高。

表 3.2　交叉运算结果

个体编号	选择结果	配对情况	交叉点位置	交叉结果
1	01|1101	1-3	1-3:2	011001
3	11|1001			111101
2	1010|11	2-4	2-4:4	101001
4	1110|01			111011

⑥ 变异运算。这里采用基本位变异的方法，首先随机产生变异点位置，数字表示变异点在基因中所处的位置，然后将变异点的基因值取反。过程如表 3.3 所示。

表 3.3　变异运算结果

个体编号	交叉结果	变异点	变异结果
1	011001	4	011101
3	111101	5	111111
2	101001	2	111001
4	111011	6	111010

在对群体进行了选择、交叉、变异运算后产生了新的群体，新群体情况如表3.4所示。从表3.4可以看到，初始群体经过一轮进化后群内个体的适应度有了较明显的改进，实际在本例中经过一轮进化后已经找到了最优个体111111。

表3.4 产生的新群体情况

个体编号	群内个体	x_1	x_2	适值	相对适应度
1	011101	3	5	34	0.14
3	111111	7	7	98	0.42
2	111001	7	1	50	0.21
4	111010	7	2	53	0.23
总和				235	1

遗传算法有时并不能保证可以找到问题的最优解，但是使用遗传算法的最大优点在于找最优解的过程对用户是透明的，即用户没必要了解最优解是如何找到的。针对袋鼠跳的例子就是你不需要给袋鼠规定好跳的方向和距离，只要否定那些表现不好的个体就可以了，即总是定期消灭那些所处海拔位置较低的袋鼠。

3.7.3 蚁群算法

很多算法的原型都来源于生活，蚁群算法就是这样。它是通过模拟自然界中蚂蚁选择觅食路径的行为而提出的一种新型的进化算法。蚂蚁要从蚁穴爬到食物源，在爬行过程中蚂蚁需要选择是从A处走，还是从B处走。由于最开始时道路上没有前面蚂蚁留下的信息素，因此朝着A、B爬行的蚂蚁数量相当，如图3.14(a)所示。但是当有蚂蚁从路上经过后，会在地面上留下信息素，后面的蚂蚁会根据信息素的浓度来选择前进道路，信息素越浓，沿这条路径爬行的蚂蚁数量越多，如图3.14(b)所示。

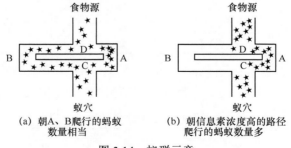

(a) 朝A、B爬行的蚂蚁　　　　　　(b) 朝信息素浓度高的路径
　　数量相当　　　　　　　　　　　爬行的蚂蚁数量多

图3.14 蚁群示意

蚁群算法就是通过模拟蚂蚁觅食的行为来寻找最优路径。使用这种算法时，最初选择的路径几乎不可能是最优解，甚至有可能因为错误的选择而使路径变长。

但是该算法会根据信息素的浓度在接下来的过程中不断对路径进行修正，最终使找到的路径是最优的。

使用蚁群算法也可以用来解决旅行商问题。这里我们用蚁群算法来解决包含 4 个城市的旅行商问题，各城市间的距离矩阵 $L=(d_{ij})=\begin{bmatrix} 0 & 3 & 1 & 2 \\ 3 & 0 & 5 & 4 \\ 1 & 5 & 0 & 2 \\ 2 & 4 & 2 & 0 \end{bmatrix}$，城市示意如

图 3.15 所示。假设有三只蚂蚁（$m=3$），设信息素的加权值 $\alpha=1$，能见度的加权值 $\beta=2$，信息素的蒸发率 $\rho=0.5$。

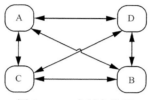

图 3.15　4 个城市位置

① 初始化路径。这里使用贪心算法得到初始访问路径 ACDBA，从距离矩阵中可以读到各城市间的距离，因此总的距离和 $C_n=d_{AC}+d_{CD}+d_{DB}+d_{BA}=1+2+4+3=10$，初始化信息素浓度 $\tau_0 = \dfrac{m}{C_n} = 0.3$，即每两个城市间的初始信息素浓度都是 0.3。

② 为每个蚂蚁随机选择出发城市。这里假设一号蚂蚁从城市 A 出发，二号蚂蚁从城市 B 出发，三号蚂蚁从城市 D 出发。

③ 为每个蚂蚁选择下一个访问城市。这里只以一号蚂蚁为例进行讲解。当前蚂蚁所在城市 $i=A$，未访问的城市集合 $J(i)=\{B, C, D\}$。下面计算一号蚂蚁访问各个城市的概率 $P_{ij}(t)=\dfrac{[\tau_{ij}(t)]\alpha[\eta_{ij}(t)]\beta}{\sum[\tau_{ik}(t)]\alpha[\eta_{ik}(t)]\beta}$，其中 η_{ij} 表示能见度，是 i、j 间距离的倒数；α、β 分别表示信息素和能见度的加权值；k 表示未访问的城市集合中的元素。因此　$\tau_{AB}\alpha\eta_{AB}\beta=0.31\times\left(\dfrac{1}{3}\right)^2 =0.033$，$\tau_{AC}\alpha\eta_{AC}\beta=0.31\times\left(\dfrac{1}{1}\right)^2 =0.3$，$\tau_{AD}\alpha\eta_{AD}\beta=0.31\times\left(\dfrac{1}{2}\right)^2 =0.075$，因此访问 3 个城市的概率依次为 $P(B)=\dfrac{0.033}{0.033 + 0.3 + 0.075} =0.081$，$P(C)=\dfrac{0.3}{0.033 + 0.3 + 0.075} =0.74$，$P(D)=\dfrac{0.075}{0.033 + 0.3 + 0.075} =0.18$。下面需要选择下一个要访问的城市，这里使用轮盘赌法，产生一个 0～1 的随机数，假设产生的随机数为 0.07，那么一号蚂蚁选择的下一个城市为 B。使用同样的方法，假设二号

蚂蚁选择了城市 D, 三号蚂蚁选择了城市 A。

④ 继续为每个蚂蚁选择下一个访问城市。这里仍以一号蚂蚁为例。当前城市为 B, 已走过的路径为 A、B, 待访问城市集合为 C、D。接着计算一号蚂蚁从城市 B 到城市 C、D 访问的概率, $\tau_{BC}a\eta_{BC}\beta=0.31\times\left(\dfrac{1}{5}\right)^2=0.012$, $\tau_{BD}a\eta_{BD}\beta=0.31\times\left(\dfrac{1}{4}\right)^2=$

0.019, 因此可以得到 $P(C)=\dfrac{0.012}{0.012+0.019}=0.39$, $P(D)=\dfrac{0.019}{0.012+0.019}=0.61$。仍

然根据赌盘法选择下一个访问城市, 产生一个 0~1 的随机数, 这里假设产生的随机数是 0.67, 则一号蚂蚁选择的下一个访问城市是 D。使用同样的方法, 假设二号蚂蚁选择了城市 C, 三号蚂蚁选择了城市 D。此时三只蚂蚁的爬行路线均已确定, 一号蚂蚁的路线为 A、B、D、C、A, 二号蚂蚁的路线为 B、D、C、A、B, 三号蚂蚁的路线为 D、A、C、B、D。

⑤ 在所有蚂蚁爬行完一次完整的路线后需要更新信息素。首先计算每只蚂蚁爬行的路径长度, $C_1=3+4+2+1=10$, $C_2=4+2+1+3=10$, $C_3=2+1+5+4=12$。然后更新每条边上的信息素。$\tau_{AB}=(1-\rho)\tau_{AB}+\sum\limits_{k=1}^{3}\Delta\tau_{AB}^{k}=0.5\times0.3+\left(\dfrac{1}{10}+\dfrac{1}{10}\right)=0.35$, $\tau_{AC}=(1-\rho)\tau_{AC}+$

$\sum\limits_{k=1}^{3}\Delta\tau_{AC}^{k}=0.5\times0.3+\left(\dfrac{1}{12}\right)=0.16$, 其他边的计算同理, 这里不再一一计算。当更新完

所有边后判断是否满足结束条件, 若满足则输出最优结果, 否则重复步骤②。

蚁群算法还可以用来解决路由受限的问题, 用该算法解决带宽时延、分组丢失率和最小花费等 QoS 多播路由问题时要比现有的链路状态路由算法有明显优势。

3.7.4 随机算法

Miller-Rabin 算法也是一种随机概率算法, 它基于费马小定理来测试一个大数是否是素数。简单来概括一下 Miller-Rabin 算法的判断思路。假设需要判断 n 是否是素数, 将 $n-1$ 表示成 $2^s\times d$ 的形式, 其中 d 表示奇数, 假设使用该算法测试 t 次, 用流程图来表示算法的执行过程, 如图 3.16 所示。从图 3.16 中可以看到, 给出的结论都是 y 可能是素数, 因为该算法具有不确定性, 会存在一定的误差率, 这是因为存在一些伪素数会导致判断素数时出错。通常将 $a^{n-1}\bmod n=1$ 的合数称作以 a 为底的伪素数。误差率与测试次数成反比, 测试次数越多, 出错率越低(通常进行 t 次测试的出错率是 $\dfrac{1}{4t}$), 所以在实际的应用中使用 Miller-Rabin 算法来判断一个大数是否是素数的应用还是比较广泛的。

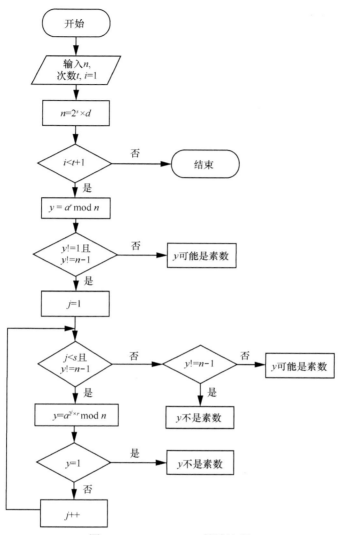

图 3.16　Miller-Rabin 算法流程

下面两个例子讲述了如何使用 Miller-Rabin 算法判断 252 601 是否是素数。

例 1　首先令 n=252 601，那么 $n-1$=2^3×31 575，随机选择一个基底 a=85 132，y=$a^{31\,575}$ mod n=191 102，由于 y≠1 且 y≠$n-1$=252 600，那么对于 j 从 1 到（3-1）做循环，当 j=1 时，y=$a^{2×31\,575}$mod n=184 829；当 j=2 时，y=$a^{2^2×31\,575}$mod n=1，由于出现了 y=1 的情况，因此 252 601 肯定不是素数。

例 2　首先令 n=280 001，那么 $n-1$=2^6×4 375，随机选择一个基底 a=105 532，y=$a^{4\,375}$ mod n=236 926，由于 y≠1 且 y≠$n-1$=280 000，那么对于 j 从 1 到（6-1）

做循环，当 j=1 时，y=$a^{2\times4\,375}$mod n=168 999；当 j=2 时，y=$a^{22\times4\,375}$ mod n=280 000，由于出现了 y=n−1 的情况，因此 280 001 可能是素数。

3.8 Online 算法

我们来考虑一个实际应用问题，假设父母要带孩子去滑雪，可以租借器材也可以购买器材，但是父母最初无法判断孩子是否喜爱滑雪，因此无法确定孩子以后滑雪的次数，所以就无法确定是租借器材划算还是买器材划算。

这个问题可以使用两种算法来解答，一种是 Online 算法，另一种是 Offline 算法。简单来说就是 Online 算法不用等全部输入完成后再计算，它的计算具有及时性。而 Offline 算法需要等全部输入都完成后再进行计算。

针对滑雪问题，最好的 Online 算法是先租滑雪器材直到租借的费用与买器材的费用相等时，然后再买滑雪器材。但是这个算法要比 Offline 算法在性能上差将近 2 倍。假设买器材的费用与租用 M 次器材的费用相等，如果孩子滑雪的次数少于 M 次，Online 算法与 Offline 算法的花费相同（Offline 算法可以知道孩子滑雪的准确次数，如果次数比 M 值小，就会选择租用器材，而不是购买）。如果孩子的滑雪次数超过 M 次，那么 Online 算法会首先租用 M−1 次，然后再买器材，整体花费等同于 $2M$−1 次租借的费用。Offline 算法由于知道孩子最终的滑雪次数，因此会选择直接购买器材，花费 M 次租借的费用。任何情况下，Online 算法的花费不会超过 Offline 算法的 2 倍。

再来看个具体的例子，感受两个算法的区别。假设有一个货物集合 S，里面包含 8 种货物，重量分别为 0.2 kg、0.5 kg、0.4 kg、0.7 kg、0.1 kg、0.3 kg、0.8 kg。现有容量为 1 kg 的集装箱，要求将 8 种货物全部装到集装箱内。如果使用 Offline 算法来装箱，由于事先知道了 S 集合中的所有货物重量，因此可以将物品根据重量进行排序，然后再合理组合。首先在一号集装箱中放入 0.8 kg 的货物，再放入一个 0.2 kg 的货物，一号集装箱刚好装满。然后向二号集装箱中装入此时最大的货物（0.5 kg），箱子未满，接着装入次大的货物（0.4 kg），此时集装箱还剩 0.1 kg，但是剩余的货物中没有重量为 0.1 kg 的，因此舍弃剩余的空间不再放置货物。接着装三号集装箱，将此时重量最大的货物（0.4 kg）装入箱内，然后将次大的货物（0.3 kg）装箱，最后将 0.2 kg 的货物装入集装箱，同样舍弃剩余 0.1 kg 的空间。最后货物集合 S 中还剩一个 0.2 kg 的货物，将其装入四号集装箱。Offline 装箱的结果如表 3.5 所示。图 3.17 形象地展示了各个箱子的使用情况，图中阴影区域表示舍弃的空间。

表 3.5 Offline 装箱的结果

集装箱标号	已装箱货物	待装箱货物
一号箱	0.8 kg, 0.2 kg	0.5 kg, 0.4 kg, 0.4 kg, 0.3 kg, 0.2 kg, 0.2 kg
二号箱	0.5 kg, 0.4 kg	0.4 kg, 0.3 kg, 0.2 kg, 0.2 kg
三号箱	0.4 kg, 0.3 kg, 0.2 kg	0.2 kg
四号箱	0.2 kg	空

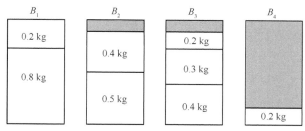

图 3.17 Offline 装箱示意

接着用 Online 算法来解决上述装箱问题。由于 Online 算法具有实时性，因此用该算法处理上述问题时不会事先知道货物集合 S 的全集，因此无法事先对货物重量进行排序，只能先装排在前面的货物。首先将 0.2 kg 货物装入一号集装箱，再将 0.5 kg 货物装入，此时一号箱剩余 0.3 kg，而下一个货物重 0.4 kg，因此无法装入一号箱，所以舍弃一号箱的剩余空间，将其装入二号。然后看下一个货物，重量是 0.7 kg，而二号箱剩余空间只有 0.6 kg，因此舍弃二号箱空间，将其装入三号箱。接着后面的货物是 0.1 kg，可以继续装入三号箱，但下一个货物重量为 0.3 kg，而三号箱只剩余 0.2 kg，因此将货物装入四号集装箱。此时四号集装箱剩余 0.7 kg 容量，但最后一个货物重 0.8 kg，因此只能将其装入五号集装箱。Online 装箱的结果如表 3.6 所示。图 3.18 形象地展示各个箱子的使用情况，图中阴影区域表示舍弃的空间。

表 3.6 Online 装箱的结果

集装箱标号	已装箱货物	待装箱货物
一号箱	0.2 kg, 0.5 kg	0.4 kg, 0.7 kg, 0.1 kg, 0.3 kg, 0.8 kg
二号箱	0.4 kg	0.7 kg, 0.1 kg, 0.3 kg, 0.8 kg
三号箱	0.7 kg, 0.1 kg	0.3 kg, 0.8 kg
四号箱	0.3 kg	0.8 kg
五号箱	0.8 kg	空

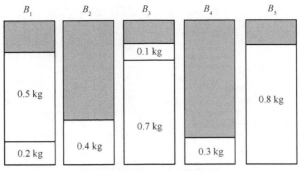

图 3.18　Online 装箱示意

3.9　算法与图灵机

提到图灵机，首先会想到它的作者，著名的数学家、"计算机科学之父"——阿兰·麦席森·图灵。图灵机是图灵于 1936 年提出的一种抽象计算模型，该模型对人们使用纸笔进行数学运算的过程进行抽象处理，由一个虚拟的机器代替人们进行数学运算。模型如图 3.19 所示。从图 3.19 可以看到，图灵机由 3 个部分组成：控制单元、无穷带、读写头。

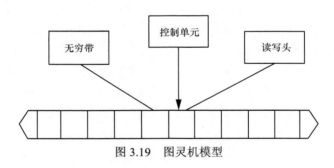

图 3.19　图灵机模型

图灵机一般使用五元组（K, Σ, δ, s, H）来表示，其中 K 表示状态集合，该集合是有穷的；Σ 表示符号集合；δ 表示控制单元的规则集合；s 是 K 的子集，表示初始状态；H 表示停机状态集合，处于停机状态时表示程序计算结束。

使用图灵机计算 5+1 的过程如图 3.20 所示。图灵机模型引入了读写与算法、程序语言的概念，极大地突破了过去计算机器的设计理念。任意一个算法都可以用一个图灵机来实现，反之，任意一个图灵机都可以表示一个算法。除此之外，不能用图灵机完成的任务是不可计算的。

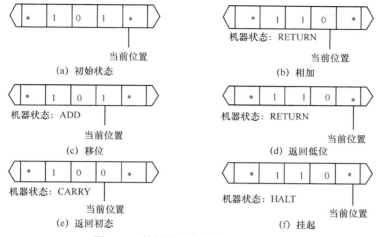

图 3.20　使用图灵机计算 5+1 的过程

参考文献

[1]　HAREL D, FELDMAN Y A. Algorithmics-The spirit of computing: 3rd ed[M]. Berlin: Springer, 2014.

[2]　CORMEN T H, LEISERSON C E, RIVEST R L, et al. Introduction to algorithms[M]. Edinbrugh: Edinburgh University Press, 2011.

练 习 题

1. 设计一个算法，对于数字 0, 1, 2, 3, 4, 5, 6, 7, 8, 9 的一个排列，能够产生一个新的排列使其数值在这些数字所有可能的排列中仅比原排列的数值大（或者报告不存在更大的排列）。例如，利用该算法将 5647382901 变成 5647382910 排列，可以用任一种算法的表示方法来描述。

2. 设计一个算法，通过该算法可以找出一个正整数的所有因子。例如，通过该算法可以找出正整数 12 包含的因子为 1, 2, 3, 4, 6, 12。可以用任一种算法的表示方法来描述。

3. 设计一个算法来判断某年是否是闰年。例如，2000 年是闰年。可以用任一种算法的表示方法来描述。

4. 设计一个算法，给定两个字符串，检查第一个字符串是否是第二个字符串的子串。可以用任一种算法的表示方法来描述。

5. 假设有两个程序 EG1 和 EG2，sum 初始值为 1，比较这两个程序输出结果的区别。

```
procedure EG1(sum)
if(sum<10 )
    打印 sum 值，并且将 sum 值赋为 sum+1
procedure EG2(sum)
if(sum<10 )
    将 sum 值赋为 sum+1，并且打印 sum 值
```

6. 哈利·波特刚刚来到霍格沃茨魔法学校学习魔法，他对学校的所有课程都充满了好奇，因此他想尽可能多地学习魔法课程。但是有些课程的时间会冲突，请你设计一个算法，使哈利·波特可以在一天内可以上尽可能多的课程，并输出最终的课程数。注意上课的时间是固定不变的，并且不允许迟到和早退，假设从一个教室走到另一个教室的时间可以忽略不计。另外，霍格沃茨的魔法世界是不使用 24 小时制的计时方法的，它只是简单地使用一个整数来表示当时的时间。程序的输入应该包含 3 类数据，魔法课的总数 n（$1 \leqslant n \leqslant 1\,000$），以及每门课的上课时间（$s$）和下课时间（$t$）。例如：

输入： 3
        1 15
        2 19
        15 17

输出： 2

7. 假设有 n 个歌迷排队买票，每人只买一张票，而售票处规定，每人每次最多只能买两张票。假设第 i 位歌迷买一张票需要时间 M_i（$1 \leqslant i \leqslant n$），队伍中相邻的两位歌迷（第 j 个人和第 $j+1$ 个人）也可以由其中一个人买两张票，而另一位就可以不用排队了，则这两位歌迷买两张票的时间变为 N_j。假如 $N_j < M_j + M_{j+1}$，这样做就可以缩短后面歌迷等待的时间，加快整个售票的进程。现给出 n、M_j 和 N_j，设计一个算法使所有人排队买票的总时间最短。

8. 设有一个三角形的数塔，顶点节点称为根节点，每个节点有一个整数数值。从顶点出发，可以向左走，也可以向右走，数塔结构如下图所示，设计一个算法使从第一层到底层的路径总值最大，若存在多条最大路径，任意给出其中一条。

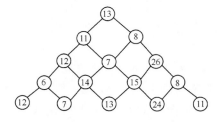

9. 假设一辆汽车加满油后可行驶 n km，行驶途中有 k 个加油站。对于给定

的 n 和 k，设计一个有效算法，指出应在哪些加油站停靠加油，使沿途加油次数最少。输入数据的第一行依次是行驶的距离以及途中的加油站数量。第二行数据依次是第 k 个加油站与第 $k–1$ 个加油站之间的距离。第 0 个加油站表示出发地，汽车已加满油。第 $k+1$ 个加油站表示目的地。例如：

输入：7 7
　　　1 2 3 4 5 1 6 6
输出：4

10. 给出一个长度为 n 的序列 A_1, A_2, ..., A_n，设计一个算法，该算法能够找到 $1{\leqslant}i{\leqslant}j{\leqslant}n$ 的一串子序列，使 $A_i+A_{i+1}+\cdots+A_j$ 最大，即找到序列中的最大连续和。

11. 将程序 Test 的输入值 N 设为 5，记录打印的值。

procedure Test（N）

while（$N>0$） do

　　打印 N 的值，并将 Test 过程应用于 $N–2$

12. 猴子第一天摘下若干个桃子，当即吃了一半，还不过瘾就多吃了一个。第二天早上又将剩下的桃子吃了一半，还是不过瘾又多吃了一个。以后每天都吃前一天剩下的一半再加一个。到第 10 天刚好剩一个。设计一个算法，求出猴子第一天摘的桃子数量。

13. 设计一个算法，该算法能求出输入的两个正整数 m、n 的最大公约数并输出，使用自然语言来描述该算法。

14. 有一个装有 16 个硬币的袋子，其中有一个硬币是伪造的，并且那个伪造的硬币比真的硬币要轻一些。设计一个算法找出这个伪造的硬币，使用自然语言来描述该算法。为了帮助你完成这一任务，提供一台可用来比较硬币重量的天平。

15. 设计一个能找出 1 000 以内的所有"水仙花数"的算法，使用自然语言描述该算法。（说明：所谓"水仙花数"是指一个三位数，其各位数字立方和等于该数本身。例如 153 是一个"水仙花数"，因为 153=1 的三次方 + 5 的三次方 + 3 的三次方。）

16. 设计一个算法，当输入一个数 n 时能够求出斐波那契数列的第 n 个数，使用自然语言描述该算法。（说明：斐波那契数列以如下方法定义：$F_0=0$，$F_1=1$，$F_n=F_{n-1}+F_{n-2}$（$n{\geqslant}2$，$n{\in}N*$）。）

17. 公鸡 5 文钱一只，母鸡 3 文钱一只，小鸡 3 只一文钱，要求使用 100 文钱购得 100 只鸡，其中公鸡、母鸡、小鸡都必须要有。设计一个算法，求出公鸡、母鸡、小鸡分别购买的数量。

18. 设计一个算法，该算法能够找到给定的 n 个数字中的最大值和最小值。

19. 假设有 1 000 桶酒，其中只有一桶酒有毒。一旦服用了毒酒，毒性会在一周后发作。现在以小白鼠来做实验，设计一个算法在一周后找出那桶毒酒，要求使用尽可能少的老鼠。

20. 有 6 个人在岸边准备过河，其中 3 个是伪装成牧民的强盗，剩余 3 个人是商人。现在岸边只有一条船，该船每次只能坐两个人，并且船到岸后必须有人将船再划回对岸。3 个强盗私下商量，无论在河的哪边，只要他们的数量比商人多，他们就打算把商人的商品抢劫一空。商人们察觉到了，但又没有办法，请你设计一个方案帮助商人安全过河。

21. 从何种角度来看，由以下指令描述的步骤不能构成算法。

（1）从图书馆借出一本书。

（2）返回第一步。

22. 从何种角度来看，由以下指令描述的步骤不能构成算法。

（1）在直角坐标系中从点（2, 5）到点（6,11）之间画一条直线。

（2）在直角坐标系中从点（1, 3）到点（3,6）之间画一条直线。

（3）以上面两条线的交点为中心，画一个半径为 2 的圆。

第 4 章
计算机问题求解

4.1　量化的世界

4.1.1　量化的概念

本章的量化并不是指信号处理领域中将信号的连续取值近似为多个离散值的过程，而是更侧重于日常生活，通常指可以清晰明确表示的目标或任务，例如具体的数字、面积范围、时间长度等。

量化是一种可以减少不确定性、使问题能够得到优化的手段。英国物理学家开尔文勋爵曾经说过："当你能够量化你谈论的事物，并且能用数字描述它时，你对它就确实有了深入的了解。但如果你不能用数字描述，那么你的头脑根本就没有跃升到科学思考的状态。"

量化就是要实现信息的数据化，通过将数字转化为计算过程中的变量，使信息成为可以进行数学统计或分析的数量单元。大数据时代数据无处不在，各类数据纷繁复杂，将数据进行量化处理后，再利用合适的数学方法处理量化数据，就可以分析和发掘出数据里的潜在信息，更好地为社会生活服务。计算机的出现为数据量化提供了良好的工具和存储设备，大大提高了数据处理的效率和分析的准确度，通过结合数据挖掘技术可以最大限度地发现更大的价值。

量化没有想象中的那么复杂，对各类行业的各种数据均可以使用量化方法。从航天飞机的制造到日常生活中的汽车防盗系统、图书馆，甚至是婚姻情感问题都可以用量化的方法来处理。可以说我们的生活离不开量化，在量化分析的基础上产生的创新可以让我们的生活更加舒适和智能。

4.1.2 量化世界

在我们生活的这个世界中，量化可以让我们更好地认识世界，更好地享受生活。这里的世界可以大致分为两类，一类是除自我之外，与其他人接触、互动的世界，另一类是与除人之外的其他外界事物间的信息互动。

我们生活在这个世界上，都不可避免地需要跟人打交道，无论是同学、老师、同事、亲属等都需要通过沟通来增进相互间的了解。随着互联网技术的发展，越来越多的能够帮助我们进行社交活动的网站、产品诞生了，例如即时通信软件、社交网站。这些社交工具为我们提供了寻找同学、朋友并维持情谊的场所，使人与人之间的沟通变得更加便捷。与此同时在互联网上也就相应地产生了大规模的社交数据，由这些数据编织成了庞大的社交网络。因此量化这些社交数据就变得非常有意义，通过量化可以将我们日常生活中的无形元素提取出来，并通过分析将其转变为有新用途的数据。

2019 年 12 月，Facebook 每日活跃用户人数平均值为 13.6 亿人，比 2018 年同期增长 9%。截至 2019 年 12 月 31 日，Facebook 月度活跃用户人数为 25.0 亿人，比 2018 年同期增长 8%。Facebook 社交图谱的出现，使我们可以通过量化的方法将人与人之间的关系数据化，通过分析每个人的朋友圈，大致可以判断这个人的相关品质，就如同我国的那句老话"物以类聚，人以群分"。再加上如此庞大的用户群，使社交图谱的价值日益凸显，一些消费者信贷领域的创业公司就试图通过分析 Facebook 中用户的社交图谱数据，作为信用评分的依据。

微博的产生使人们可以很轻松地分享和记录日常生活中的情绪和想法，它开辟了数据的新用途。截至 2019 年年底，微博月活跃用户达到 5.16 亿人，日活跃用户达 2.22 亿人。一些商业公司通过对用户发送的微博进行统计分析，可以获取人们想法、情绪等方面的数据化信息。根据"社交网络分析之父"贝尔纳多·哈柏曼（Bernardo Huberman）的分析，微博中单一主题出现的频率可以用来预测很多事情，比如好莱坞的票房收入、流行病的爆发、舆情的监测等。英国伦敦的对冲基金 Derwent Capital 和美国加利福尼亚的 MarketPsych 就是利用微博的数据文本进行统计分析的，并将分析结果作为股市投资的信号。两家公司现在都在向企业出售信息，就 MarketPsych 而言，它与汤森路透合作提供了分布在 119 个国家和地区，不低于 18 864 项的独立指数，实现了将人的情绪数据化的转换。比如每分钟更新的心情状态，如乐观、忧郁、快乐、害怕、生气，甚至还包括创新、诉讼及冲突情况等。

除了与由人构成的世界互动外，量化还适用于人与外界信息互动的场景，包括书籍、汽车、物流、音乐、电影、知识、文化、精神成果以及自然物理环境等，这些内容我们在日常生活中经常接触，但从没想象过可以通过量化处理将其转换成数据，更没想到通过分析转化后的数据能够给生活带来如此大的便利。

日本先进工业技术研究所的越水重臣（Shigeomi Koshimizu）教授团队通过对驾驶人坐姿的研究，成功研制出了汽车防盗系统。一般人可能会觉得驾驶人的坐姿根本无迹可寻，无法从中提取有价值的信息，但是该团队通过在汽车座椅下安装 360 个压力传感器来测量人对座椅的施压情况，将人的体重、身形数据量化，使用从 0～256 的数值来表示量化后的数据，从而使每个驾驶人产生唯一的身体数据。通过实验测试，这个系统可以通过人对座椅的施压情况判断驾驶人的身份，实验过程中该系统的准确率达到了 98%。将这项技术运用到汽车中就可以实现汽车防盗。当系统识别出驾驶人是车主时，汽车正常，驾驶人可以通过钥匙正常启动车辆；当系统识别出驾驶人不是车主时，会提示输入启动密码，如果密码输入正确，那么汽车也可以正常启动，否则汽车将无法成功打火，从而实现了汽车防盗功能。通过本例可以看出，通过将人的坐姿量化，可以为广大车主提供可行的安全服务，保障了车主们的合法权利，同时促进了汽车行业的发展。

UPS 是一家全球知名的快递公司，也是世界上最大的快递承运商。为了快速有效地获取公司车辆的地理定位数据，UPS 公司在他们的货车上安装了传感器、无线适配器和 GPS 设备，这样就可以在车辆晚点或发生故障时及时跟踪位置信息。后来 UPS 公司又根据从传感器等设备上收集的历史行车数据分析得到了最佳行车路线，改进后效果显著。仅 2011 年一年，最佳行车路线就让 UPS 的货车少跑了将近 4 828 万千米，节省了约 1 000 万升的燃料，减少了约 3 万吨的二氧化碳排放量。通过将行车路线进行量化处理，不仅为 UPS 公司的运转节省了成本、提高了工作效率，还为保护自然环境做出了巨大贡献。

一直以来音乐与数学间的关系吸引着众多学者的目光，2008 年 4 月 18 日，*Science* 上刊登了一篇由佛罗里达州立大学、耶鲁大学、普林斯顿大学的三位音乐教授合著的文章，该文章提出了几何音乐理论。他们设计了一种对音乐进行量化分类的新方法，利用该方法可以将音乐符号先转化为数字，然后再转换为几何语言。一组组由音符构成的和弦、音阶、旋律被划分成不同的家族，通过考察它们的数据结构，以点的形式将音符再现于复杂的几何空间。这个过程类似于几何课上"根据 X、Y 坐标确定一个点在平面上的位置"的过程。比如，三和旋在经过转换后就会变成一个三角环的几何体。不同的家族分类会产生不同的几何体，反映出千百年来音乐家对音乐的各种理解。通过这种量化方式，可以帮助人们更加深入、更加有效地分析和理解音乐，依靠这种看得见的音乐空间结构，可以创造出新的音乐手法。

量化还可以处理我们接触到的物理环境，比如，通过量化的方式测量地球周长。埃拉托色尼（Eratosthenes）是古希腊的天文学家和地理学家，他在测算地球周长时，既没有使用计量精确的仪器设备，也没有通过环球旅行来实地测量，而是一口深井激发了他的灵感。塞恩城（现为埃及的阿斯旺）附近的尼罗河的一个河心岛洲上有一口深井，是当地著名的旅游景点，每年的夏至这一天，阳光都可以直接射到井底，这说明夏至这一天太阳正好位于这口深井的正上方。他又在亚历山大找到了另一处参照点，一个很高的方尖碑。他通过测量夏至这天方尖碑在地面上的阴影长度，得到了太阳光线与方尖碑之间的夹角度数为 7.2°，又根据数学定律得知，穿过两条平行线的射线所成夹角相等，即深井、方尖碑与地心连线所成的角度也是 7.2°，相当于圆周角的 $\frac{1}{50}$，如图 4.1 所示。那么这个夹角所对应的弧长也就等于圆周长的 $\frac{1}{50}$，即深井与方尖碑间的物理距离就相当于地球周长的 $\frac{1}{50}$。后期通过测量得到两个参照点之间的距离，将结果乘以 50 得到地球周长约为 39 360 km，这和地球的实际周长非常接近。埃拉托色尼通过量化的方法，巧妙地将天文学、地理学、数学结合到一起，较准确地计算出了地球的周长，为后续地理学研究提供了很大的帮助。

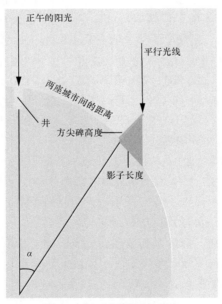

图 4.1　地球周长测量示意

4.1.3　量化自我

量化在最初产生时主要是用于量化外部世界，然而随着社会的不断发展，人们认识到量化不仅适用于量化外部世界，还可以用于量化人的自身。

最早出现的对自身进行量化的概念可以追溯到 20 世纪 70 年代，那时就已经有了通过穿戴式传感器对人的行为、生理信息进行的研究。例如，通过穿戴式摄像机等比较简陋的技术工具，记录人日常生活中心理和生理的变化，以此来了解人的行为变化。2007 年，量化自我这个词正式由 *Wired* 杂志主编凯文·凯利（Kevin Kelly）和技术专栏作家加里·沃尔夫（Gary Wolf）提出。今天的量化自我，无论是从量化的技术，还是从量化的内容都较之前有了显著的提升。

量化自我，标志着社会化的个体开始主动运用数据的方式开展认识自我的实践，预示着人类认知领域全面数据化的开始。沃尔夫总结出量化自我的实质就是从自我中认识自我。

对于量化自我的认识，可以分为两种，一种是狭义的认识，另一种则是广义的认识。

狭义量化自我通常是记录对象日常生理活动的状态，通过使用便携式传感可穿戴设备、智能手机等工具来监测和量化某些具体数据，比如体重、步数、消耗热量、睡眠时间、心跳数等，利用这些数据来研究和分析自身运动、睡眠、饮食等情况，再根据分析的结果制定合理的改善健康状况的计划。

比如苹果公司研发的可穿戴手表 iWatch，与手机相比更贴身，可以获得时间更长且相对私人的数据。iWatch 利用 Taptic Engine 技术模拟心率跳动。在发送心跳界面上，用手指轻轻贴紧屏幕就会出现一颗跳动的红色心脏，然后整个手表跟着震动来模拟真实的心跳情况。这个功能无疑是通过良好的交互和完美的体验实现了量化的最高境界。

一些穿戴设备或者 APP 可以对人的运动、睡眠情况进行追踪记录并且可以通过可视化的形式显示量化结果。比如 Fitbit 手环具有监测心率、判定心肺健身级别、全球定位、自动监测睡眠质量等功能，还可以将监测结果传递到手机上。类似的还有小米手环、Amiigo、Strava 等设备，它们都具有相似的功能。

另外还有一些 APP 和网站，通过用户自主记录情绪，可以长期监测情绪的变化。比如在 APPLE 上运行的 APP Happiness，每日最多可以记录 5 个快乐体验。再比如 Moodjam 网站，它可以让用户通过颜色和关键词等自定义的方式记录心情。还有微软开发的一款名为 Moodscope 的 APP，可以借助智能手机的各种传感器实时监控用户的情绪，并给出合适的反馈。当监测到用户充满愤怒情绪时，它就会马上推荐一些有趣的影片，来舒缓用户心情。

当然对自我的量化还可以延伸到广义的方面。因为自我涵盖的范围不只限于运动、睡眠等方面，还可以包括个体性格数据、消费数据、环境数据等。

比如通过一个人常逛的网站、使用的 APP、玩的游戏、分享的朋友圈就能够基本分析出一个人的性格特征、兴趣爱好等。再比如通过分析一个人在购物网站的购买数据就能够分析出这个人的消费观、购买习惯。又比如通过分析一个人的行车记录仪记录的驾驶数据、航班数据就能够分析出这个人经常去的地方以及该地的天气、路况等信息。

之前一直不理解为什么有人可以在游戏里废寝忘食，现在想想游戏设计者大概也是采用了量化的方法，将游戏变成了一个全面量化的世界，比如每打掉一个怪就离升级更近了一步，每份付出都能看到确定的回报，并且时刻知道与最终目标间的距离，这大概是游戏吸引人的魅力之一。通过量化处理，会使问题的解决更有方向感和可行性，这增加了前进的动力，有助于更加高效地解决问题。

上面的这些例子只是生活中的一小方面，事实上一切皆可量化，量化是解决诸多问题的关键所在。在数据时代，数据量化是利用数据的基础。管理大师德鲁克曾经说过，无量化、无管理；先量化，后决策。可见量化无论是对管理领域，还是对决策领域都起着至关重要的作用。量化给日常生活带来了很大的便利，让各个服务商能够更清楚地了解用户的需求，为用户提供更贴心的服务。通过量化，也使我们对自我的认识更进一步，让我们变得更加完美。

4.2 科学思维

量化是思维的前提，是进行思维处理的基础。量化和思维的共同点是将具体的社会现象进行抽象化处理，提取其本质特点，再将不同的社会现象进行归类处理。

思维是人类所具有的高级的认识活动，是人类利用大脑进行逻辑推导的属性、能力和过程，是人类认识客观世界，进而适应并掌握客观世界的一项精神活动。从信息论的角度来看，思维是一种过程，是对新的输入信息与大脑中固有的经验知识进行一系列复杂的心智操作的过程。歌德曾经说过，如何思维比思维什么更重要。这是在说思维方式比思维内容要重要得多。在计算机领域，思维方式同样非常重要。

科学思维是指感性阶段获取的大量材料经过整理和改造，形成概念、判断和推理，以便反映事物的本质和规律。科学思维可以看作大脑对科学信息进行加工的过程，需要具备分析性思维以及运用科学方法解决问题的能力。科学思维是建立在对客观事物及规律正确认识的基础上的，因此没有科学知识的积淀就无法拥有科学思维，科学思维决定着思维的效率和成果。

理论思维、实验思维和计算思维被称为传统的三大科学思维，这 3 种思维都具有抽象性。然而随着社会的发展和技术的不断革新，在计算机领域中要想做好研究，仅有这 3 种传统的科学思维是远远不够的，还需要具备大数据思维、结构思维和历史思维。黑格尔曾经说过："概括来讲，哲学可以定义为对于事物的思维着的考察。"人与人之间的差异，从某种角度上看取决于思维方式的不同，成功人士大都具有科学的思维方式，事业成功，家庭幸福，这说明科学思维对人的成长发展起着很重要的作用。

4.2.1　理论思维

我国著名的认识论专家冯契先生曾经说过："理论思维就是用概念来摹写和规范现实，化所与为事实，揭示事物之间的本质联系。"所与是客观事物在人们正常感觉活动中的呈现，如感官给予的颜色、声音、味道等感受。它是当下直接的感性材料，不具备主观能动性，无法传达给其他主体。主体在感性活动中与外界对象接触获得客观实在感，进而形成抽象概念，完成知识经验累积的过程。因此，理论思维是洞察事物实质或过程内在规律的抽象思维。理论思维是对现象的一种数学抽象，通过将问题逻辑化来得到一个推理系统。

理论思维的主要成果体现在科学领域，理论思维支撑着所有的学科领域。理论思维与数学学科有着密不可分的关系，以理论为基础的学科主要是指数学，数学是所有学科的基础。定义是理论思维的灵魂，定理和证明则是它的精髓所在。公理化方法是最重要的理论思维方法，科学界一般认为公理化方法是推动世界科学技术革命的源头。用公理化方法构建的理论体系称为公理系统。公理系统需要满足以下 3 个条件。

① 无矛盾性。这是公理系统的科学性要求，它不允许在一个公理系统中出现相互矛盾的命题，否则这个公理系统就没有任何实际的价值。

② 独立性。公理系统所有的公理都必须是独立的，即任何一个公理都不能从其他公理推导出来。

③ 完备性。公理系统必须是完备的，即从公理系统出发，能推出（或判定）该领域所有的命题。

为了保证公理系统的无矛盾性和独立性，一般要尽可能使公理系统简单化。简单化将使无矛盾性和独立性的证明成为可能，简单化是科学研究追求的目标之一。一般而言，正确的一定是简单的。

关于公理系统的完备性要求，自哥德尔发表了关于形式系统的"不完备性定理"的论文后，数学家们对公理系统的完备性要求大大放宽了。也就是说，能完备更好，即使不完备，同样也具有重要的价值。

比如欧几里得建立的欧氏几何就是一个公理系统。它的建立采用了分析与综合的方法，不只是单独一个命题的前提与结论之间的连接，而是所有几何命题连接成的逻辑网络，通过有限的公理来证明所有的真命题。他以公理、公设、定义为要素，作为已知，先证明了第一个命题。然后又以此为基础，来证明第二个命题，如此下去，证明了大量的命题。零散的数学理论被他成功地编织为一个从基本假定到复杂结论的系统。在数学发展史上，欧几里得被认为是成功而系统地应用公理化方法的第一人。在欧几里得的《几何原本》中，他给出了 23 个定义、5 条公设和 5 条公理。

欧氏几何的 5 条公设介绍如下。

① 任意两个点可以通过一条直线连接。

② 任意线段能无限延长成一条直线。

③ 给定任意线段，可以以其一个端点作为圆心，该线段作为半径作一个圆。

④ 所有直角都全等。

⑤ 若两条直线都与第三条直线相交，并且在同一边的内角之和小于两个直角和，则这两条直线在这一边必定相交。

欧氏几何的 5 条公理介绍如下。

① 等量间彼此相等。

② 等量加等量和相等。

③ 等量减等量差相等。

④ 完全重合的东西是相等的。

⑤ 整体大于部分。

我们可以利用定义、公理、公设证明出两直线平行，同位角相等。首先需要知道几何原本中的两条定义。

① 当一条直线和另一条直线交成的邻角彼此相等时，这些角的每一个被叫作直角。

② 在同一平面内，不相交（也不重合）的两条直线叫作平行线。

假设 AB、CD 平行，EF 与两线相交，如图 4.2 所示，∠1、∠2 为同旁内角，∠1、∠3 为同位角。根据公设⑤可以得到两直线平行，同旁内角互补，因此∠1+∠2=180°。由于∠2+∠3=180°，可以得到∠1=180°−∠2，∠3=180°−∠2，根据公理③等量减等量差相等，因此可以得到∠1=∠3。

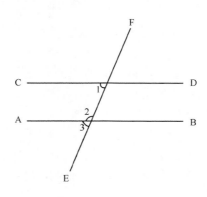

图 4.2　同位角示意

4.2.2　实验思维

实验思维是对现象的一种物理抽象，通过将问题单纯化来得到一个验证系统。实验思维的重要奠基人应当首推意大利著名数学家、物理学家和天文学家伽利略。他以系统的实验和观察推翻了纯属思辨传统的自然观，开创了以实验事实为根据并具有严密逻辑体系的近代科学，被人们誉为"现代科学之父"。爱因斯坦曾这样评价伽利略："伽利略的发现，以及他所用的科学推理方法，是人类思想史上最伟大的成就之一，标志着物理学的真正开端。"

伽利略倡导使用数学与实验相结合的研究方法来研究自然规律，这种研究方法是他在科学上取得伟大成就的源泉，也是他对近代科学最重要的贡献。伽利略从实验中总结出自由落体定律、惯性定律和伽利略相对性原理等，其工作为牛顿理论体系的建立奠定了基础。

在伽利略发现自由落体定律之前，亚里士多德提出的"在介质条件相同时，重的东西比轻的东西落地速度快"的定律一直被人们尊为"圣贤之言"，近两千年来没有人敢触犯。后来伽利略给出了不同的答案，他在《两种新科学的对话》中曾经写道：如果依照亚里士多德的理论，假设有两块石头，大石头重量为 8，小石头重量为 4，则大的下落速度为 8，小的下落速度为 4。当将两块石头捆绑到一起下落时，下落快的会被下落慢的拖慢速度，所以当两个石头一起下落时，速度应该介于 4～8。但是，两块石头捆绑在一起的整体重量为 12，那么下落速度也就应该大于 8，这就陷入了一个自相矛盾的境况。因此伽利略推断物体下落的速度应该不是由其重量决定的。著名的比萨斜塔自由落体实验就是伽利略为验证他的理论而进行的实验，这个实验也被看作奠定近代物理学基础的一个关键性实验。伽利略在比萨斜塔上将一个重 100 磅和一个重 1 磅的同等材质的铁球一同抛下，在众人的围观下，两个铁球同时落地。这个实验用事实推翻了亚里士多德的错误论断。

与理论思维不同，实验思维往往需要借助于某些特定的科学工具，并用它们来获取供分析使用的数据。例如，伽利略不仅设计和演示了许多实验，还亲自研制出不少技术精湛的实验仪器，如温度计、望远镜、显微镜等。

伽利略首先在科学实验的基础上融会贯通了数学、物理学和天文学三门学科的知识，随着社会的不断发展，现在以实验为基础的学科有物理、化学、地学、天文学、生物学、医学、农业科学、冶金、机械，以及由此派生的众多学科。

4.2.3　计算思维

什么是计算思维？计算思维可以理解为一种思考方式，就是可以用计算机能识别的方式来描述问题，再由计算机执行并解决这个问题。计算思维则是对现象的一种计算抽象，通过将问题符号化来得到一个计算系统。这个观点是由计算机科学家周以真教授于 2006 年发表在美国计算机权威期刊 *Communications of the ACM* 上的文章"计算思维"中提出的。她认为计算思维是利用计算机科学的基础概念进行问题求解、系统设计以及人类行为理解等涵盖计算机科学广度的一系列思维活动。

周以真教授在给出计算思维总定义的基础上，又对计算思维进行了更详细的解释。

① 计算思维是通过约简、嵌入、转化和仿真等方法，将一个看起来困难的问题重新阐释成我们知道问题怎样解决的思维过程。

② 计算思维是一种递归思维，利用了并行处理方法，能够把代码译成数据，又能把数据译成代码，是一种多维分析推广的类型检查方法。

③ 计算思维是一种采用抽象和分解来控制庞杂的任务或进行巨大复杂系统设计的方法，选择合适的方式去陈述一个问题，或对一个问题的相关方面建模使其易于处理的思维方法。

④ 计算思维是通过冗余、容错、纠错的方式，并从最坏情况下进行预防、保护和系统恢复的思维方法。

⑤ 计算思维是利用启发式推理寻求解答，可以在不确定情况下的规划、学习和调度的思维方法。

⑥ 计算思维是利用海量数据来加快计算，在时间和空间之间，在处理能力和存储容量之间进行折中的思维方法。

这个关于计算思维的表述可能有些抽象，我们通过一个具体的例子感受一下。比如我们做一顿饭，既要煮饭又要炒菜，但不能菜炒好了而饭还没有煮，这就需要我们对这两项工作进行调度，此时人的作用就相当于计算机里的操作系统，负责资源的合理调度。在计算思维中有 3 个过程比较重要，那就是抽象、分解和组合。抽象就是指在负责的问题中可以快速提取重要信息，屏蔽掉不重要、无关联的内容。比如上面那个例子中并没有提到厨房有多大、厨具是什么样的情况，因为这些问题都是无关轻重的细节问题，对操作的执行并不会产生什么影响。分解就是将一个大的问题分解成若干个小问题，分别解决。最后再通过组合方式将过程结果整理，得到最终的完整解决方案。

计算思维的本质就是抽象的自动运行。周以真教授认为计算思维具有如下几个特征。

① 计算思维应该是概念化的，而不是程序化的。抽象性是计算思维的基础，它要求我们能在多个抽象层次上去思维，而不仅仅是利用计算思维实现计算机编程。计算机科学不只是关于计算机的，就像绘画领域不只关注画笔一样。

②　计算思维应该是根本的，而不是机械的技能。计算思维并不是只能被计算机科学家掌握，相反它应该是每个人都可以掌握和应用的，是基础的技能。虽然基础，但也并不是像机械行为那样只是一味地重复，生搬硬套。

③　计算思维应该是人的，而不是计算机的。计算思维是人们在分析问题、处理问题时的一种思想活动，是以人的意志为转移的，人们赋予这种思维方式活力和创造力，而不是要求人们像计算机一样思考问题，枯燥地处理问题。计算机只是协助人们利用自己的智慧去处理问题的工具和助手。

④　计算思维应该是数学和工程思维的互补与融合。从本质上说，计算机科学可以说是数学思维和工程思维的衍生物，它的形式化解析建立在数学的基础之上，还需要使用工程化思维来筹划整个问题解决过程，把控整个流程。

⑤　计算思维应该是有思想的，而不是人造品。计算思维应该是有生命力的，有思想的，具有计算性的，能够用于处理问题求解、日常管理、人际沟通等情况，而不是像我们生产的软硬件、人造品那样，没有活力，任由人们使用。

⑥　计算思维应该是面向所有人、所有地方的。当人们真正将计算思维融入活动的整体时，它作为一个可以有效解决问题的工具，人人都能掌握，处处都可以使用，不只局限于计算学科。

2008 年，ACM 在其官网上公布了对 CC（计算技术课程）2001 进行中期审查的报告，该报告中将周以真教授倡导的计算思维与计算机导论课程绑定到一起，并明确要求该课程要讲授计算思维的本质。计算机导论课程应该是面向计算学科的思维能力，也就是说这门课的核心内容应该是对学生计算思维的培养，这样才能为后续课程打好基础。

随着以计算机科学为基础的计算机技术的快速发展，计算思维的作用被大大地释放了。正像天文学有了望远镜，生物学有了显微镜，绘画领域有了画笔一样，计算思维的力量正在逐渐突显。尽管想要体现这种力量往往需要借助计算机，但是却不能将计算机科学说成是专注于计算机的学科，就像天文学只是依靠望远镜展开研究，并不能把天文学说成是关于望远镜的学科一样。

事实上，计算思维除了对计算机科学具有重要意义外，它已经渗透到各个学科中，并对其他学科产生了深远影响。比如在生物学中利用计算过程来模拟蛋白质动力学，在化学领域利用原子计算来探索化学现象，在地质学中利用抽象边界和复杂性层次来模拟地球和大气层，在航空领域利用计算机来模拟测试波音 777 飞机的运行等。

ACM 前主席丹宁（Denning）曾经提出过 8 个伟大的计算原理，分别是计算、抽象、自动化、设计、评估、通信、协作和记忆。这 8 个原理可以帮助人们认识和组织计算思维，并将计算思维实例进行分类处理。这个分类框架如表 4.1 所示。由表 4.1 可知，人们可以将计算思维应用到计算机科学之外的领域中。

表 4.1 基于"Denning 计算原理"的计算思维表述体系框架

分类	关注点	核心概念
计算	什么能计算，什么不能计算	大问题的复杂性、效率、演化、按空间排序、按时间排序；计算的表示、表示的转换、状态和状态转换；可计算性、计算复杂性理论
抽象	关注对象的本质特征	概念模型与形式模型、抽象层次；约简、嵌入、转化、分解、数据结构（如队列、栈、表和图等）、虚拟机
自动化	信息处理的算法发现	算法到物理计算系统的映射，人的识别到人工智能算法的映射；形式化（定义、定理和证明）、程序、算法、迭代、递归、搜索、推理；强人工智能、弱人工智能
设计	可靠和可信系统的构建	一致性和完备性、重用、安全性、折中与结论；模块化、信息隐藏、类、结构、聚合
评估	复杂系统(含自然系统与人工系统，如地震)的性能预测	可视化建模与仿真、数据分析、统计、计算实验；模型方法、模拟方法、benchmark；预测与评价、服务网络模型；负载、吞吐率、反应时间、瓶颈、容量规划
通信	不同位置间的可靠信息移动	信息及其表示、香农定理、信息压缩、信息加密、校验与纠错、编码与解码
协作	多个自主计算机的有效使用	同步、并发、死锁、仲裁；事件及其处理、流和共享依赖、协同策略与机制；网络协议、人机交互、群体智能
记忆	媒体信息的表示、存储和恢复	绑定；存储体系、动态绑定（names、Handles、addresses、locations）、命名（层次、树状）、检索（名字和内容检索、倒排索引）；局部性与缓存、trashing 抖动、数据挖掘、推荐系统

计算思维最根本的内容，即其本质是抽象与自动化。因此从计算思维角度理解，可以将这 8 个原理划分成如图 4.3 所示的层次结构。

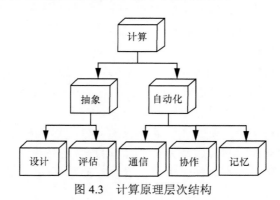

图 4.3 计算原理层次结构

① 计算。计算是执行一个算法的过程，从程序初始状态到输入数据，经过一系列中间状态的处理，最后得到处理结果。计算可以看作计算机科学和其他所有相关学科的最根本任务，它主要关注的是什么能计算，什么不能计算的问题。其包含的核心概念有大问题的复杂性、效率、演化、按空间排序、按时间排序；计算的表示、表示的转换、状态和状态转换；可计算性、计算复杂性理论等。

② 抽象。抽象是计算思维中的一个重要内容,通过将问题抽象出不同的层次,

有选择地忽视一些不必要的细节，在分析问题时，只需将注意力集中在感兴趣的抽象层次或者其上下层关系上。

计算思维中的抽象完全超越物理的时空观，用符号来表示。与数学和物理相比，计算思维中的抽象显得更丰富，也更复杂。数学抽象只是抽象中的一类特例，它的特点是抛开现实事物的物理、化学和生物学等方面的特性，仅保留量的关系和空间的形式，而计算思维中的抽象却不仅仅如此。比如队列、堆栈是计算机科学中较常见的抽象数据类型，这类数据类型就不能像数学中的整数那样进行简单的加减操作。再比如，算法也是一种抽象，我们也不能将两个算法随意组合在一起来实现一个并行算法。

不仅如此，计算思维中的抽象还与其在现实世界中的最终实施有关。因此在进行抽象操作时还应注意问题的处理边界，以及可能产生的错误。在程序的运行过程中，如果遇到磁盘满、服务没有响应、类型检验错误等情况，要知道采取何种措施进行处理。

抽象包含的核心概念有概念模型与形式模型、抽象层次；约简、嵌入、转化、分解、数据结构（如队列、栈、表和图等）、虚拟机等。

③　自动化。自动化是指对抽象得到的符号系统施加一定操作并按照某种结构自动地执行。什么能被有效地自动化是计算机科学研究的根本问题。这里提到的"什么"指人工任务，通常指可以用计算来执行的任务。自动化过程实际反映的就是解决问题的算法流程。在解决问题之前，通常需要分析问题，设计相应的算法，然后利用程序设计语言将算法思想体现在一个完整的程序中，最后交由计算机自动地执行。

比如一个计算机程序由多个函数构成，程序的执行过程就是在某个函数中顺次自动地执行以及在多个函数之间来回自动跳转。为了实现这种自动化，需要有软件和硬件的双重支持。软件方面主要是依赖操作系统，因为程序的执行过程是由操作系统控制的，操作系统通过协调内存、中央处理器和外存等硬件资源来保证程序的顺利执行。硬件方面则是依赖计算机硬件结构，主要是依赖存储程序的思想。

自动化包含的核心概念有算法到物理计算系统的映射，人的认识到人工智能算法的映射；形式化（定义、定理和证明）、程序、算法、迭代、递归、搜索、推理；强人工智能、弱人工智能等。

④　设计。设计就是指利用学科中抽象、模块化、聚合和分解等方法对一个系统、程序或者对象等进行组织的过程，是构建可信和可靠系统的过程。

比如要利用计算机来设计一款游戏，那么即使最简单的游戏也会包含动画制作、人物设计、音频处理等方面，这里就可以利用模块化的思想，通过逐步分解、按级细化的方式，将一个游戏划分成多个无交集的模块分别进行设计和描述，然后再通过代码将不同的部分集成到一起。

设计包含的核心概念有一致性和完备性、重用、安全性、折中与结论；模块化、信息隐藏、类、结构、聚合等。

⑤ 评估。评估就是通过对收集到的数据进行统计分析与信息挖掘，然后分析相应实验的结果，实现对包括自然系统和人工系统在内的复杂系统的性能预测。

评估包含的核心概念有可视化建模与仿真、数据分析、统计、计算实验；模型方法、模拟方法、benchmark；预测与评价、服务网络模型；负载、吞吐率、反应时间、瓶颈、容量规划等。

⑥ 通信。通信是指不同位置间的可靠信息移动，这个位置并不是指狭义上的物理位置，而是可以指代一个过程或者一个对象。

通信包含的核心概念有信息及其表示、香农定理、信息压缩、信息加密、校验与纠错、编码与解码等。

⑦ 协作。协作就是控制由多个自主计算机参与的计算过程中各步骤的执行序列，以此来保证能够得到确切的结论。它关注的是多个自主计算机的有效配合使用。

协作包含的核心概念有同步、并发、死锁、仲裁；事件及其处理、流和共享依赖、协同策略与机制；网络协议、人机交互、群体智能。

⑧记忆。记忆是指通过某些方法对数据进行有效检索，将存储的检索数据用于信息挖掘，或者执行其他操作对数据进行组织及编码。该部分关注的焦点是信息的表示、存储和恢复。

记忆包含的核心概念有绑定；存储体系、动态绑定（names、Handles、addresses、locations）、命名（层次、树状）、检索（名字和内容检索、倒排索引）；局部性与缓存、trashing 抖动、数据挖掘、推荐系统等。

许多经典算法体现着计算思维的内涵，比如递归算法就是计算思维的一种典型体现。汉诺塔问题属于比较经典的递归算法，下面通过介绍这个算法来说明计算思维在计算机领域的重要作用。

解决汉诺塔问题使用的是递归算法，通过第 2 章中对汉诺塔问题的分析得知，移动铜板的次数 $f(n)$ 与柱子上铜板的数量 n 之间的关系为 $f(n)=2^n-1$。

因此当 $n=64$ 时，$f(n)$ 的值将达到 18 446 744 073 709 551 615，假如移动一次需要耗时 1 s，那么为了实现最终的结果需要耗时 5 845 亿年，这个移动操作在现实生活中几乎是无法实现的。但是有了计算机后，这个问题就可以被解决了，通过将具体问题抽象成具体的符号化公式，再借助计算机的高速运算速度，这个移动过程就可以被模拟出来。由此可见，利用计算思维来处理大规模计算机问题，并借助现代计算机超强的计算能力，就可以解决之前人类望而却步的许多难题。

计算思维除了能应用于计算机领域，在与计算机关联较大的相关科学领域中也同样适用。比如在生物学领域中，科学家利用计算机模拟细胞间蛋白质的交换过程；基因研究者利用计算机技术发现了控制西红柿大小的基因与人体癌症的控制基因拥有相似性；生态学家利用计算机技术构建模型以研究全球气候变暖问题等。再比如数学领域中公认的难题——四色问题，经历了几个世纪，通过数百位数学家的努力，仍然没有得到解决。直到后来美国伊利诺伊大学的哈肯与阿佩尔提出了利用计算机程序对众多的分类情况进行计算分析，凭借计算机高效的计算能力快速地证明了四色定理。

除此之外，计算思维也体现在我们的日常生活中。以厨房中常见的微波炉为例，会使用微波炉的用户中可能多数不了解微波炉的加热、电路通断的控制、计时器的使用等原理，但这并不影响这些用户使用微波炉。技术人员将各种电子器件封装在微波炉内部，将所有可能用到的程序都提取存储到微波炉的处理器中，用户只要点击某些按钮就可以调用相应程序，自动地控制电路的开合、微波的发射，最后将信号转化为热量。因此就实现了将复杂难懂的理论知识抽象转换成说明书上简单易行的步骤的目标，只要操作某些按钮就能达到预期的加热效果。

4.2.4　大数据思维

数据思维的核心是数据，数据既是计算的对象，也是计算的结果。各种各样的信息或明或暗地包含在数据里。数据思维就是要通过分析，在大量的数据中发现潜在规律，找到有用的信息点。

所谓大数据思维，其实就是利用数学算法来处理海量数据，从而实现预测事物发生可能性的目标，它是数据、技术、思维三足鼎立的产物。大数据思维，量化是基础，关联是方法。无论是价格数据、销售数据这样直观的数据，或者是方位、文字、沟通、情感等这样隐含的数据，皆可量化，这些大数据里包含了与用户相关的方方面面的信息。只有通过量化对大数据进行预处理，才能分析得到最优结果。

美国华特迪士尼公司投资了 10 亿美元进行线下顾客跟踪和数据采集，开发出MagicBand 手环。游客在入园时佩戴上带有位置采集功能的手环，园方可以通过定位系统了解不同区域游客的分布情况，并将这一信息告诉游客，方便游客选择最佳游玩路线。此外，用户还可以使用移动订餐功能，通过手环的定位，送餐人员能够将快餐送到用户手中。利用大数据不仅提升了用户体验，也有助于疏导园内的人流。而采集到的游客数据，可以用于精准营销。

大数据思维体现了科研思维的转化。2007 年 1 月 11 日，关系数据库领域的重要奠基人吉姆·格雷（Jim Gray）在美国国家研究理事会计算机科学与通信分会上提出将大数据科研从第三范式中分离出来，单独作为一种新的科研范式，即数据密集型的科学发现第四范式。

根据吉姆·格雷的报告，可以将科学研究分为 4 类范式，分别是实验归纳、模型推演、仿真模拟和数据密集型科学发现。实验归纳是科学研究的第一范式，通过记录、描述自然现象并用实验验证的方式开启现代科学之门。后期随着越来越多的实验条件受到限制，为了更准确地进行科学研究，科学家们开始简化模型，通过演算归纳总结，由此得到了模型推演的第二范式。到了 20 世纪中期，冯·诺依曼式计算机的产生对科学研究产生了较大影响，越来越多的科研人员开始使用计算机对复杂现象进行仿真模拟，预测性能及结果，比如天气预报、模拟飞行器等。这就是第三范式仿真模拟，在很长一段时间内它都是科学研究的常规方法。然而大数据时代的到来引发了数据泛滥的现象，大大影响了实证、理论和计算机科学，因而出现了第四范式——数据密集型科学模式。数据密集型科学，也就是现在常说的科学大数据。

传统的第三范式是基于数学模型进行研究的，而该种方法对于大数据科研并不是那么合适。谷歌公司的彼得·诺维格（Peter Norvig）曾说过这样一句话来概括两种范式间的区别："所有的模型都是错误的，进一步说，没有模型也可以成功。"过去的科学研究一直在做"从薄到厚"的事情，就是把"小数据"变成"大数据"，通过建立数学模型，设计复杂的算法，最大限度地在有限的数据中挖掘有用的信息。随着大数据时代的到来，现在科学研究的主要任务则是将大数据变成小数据，将数据去粗取精。当面对 PB 或者 ZB 级数据时，即使没有模型和复杂的算法，只要数据间有相互关系，我们就能够很容易地发掘出数据中的规律。

布拉德福德·克罗斯（Bradford Cross）是 Flight Caster 公司的创始人，他认为大数据思维其实是一种意识，一旦处理好公开的数据，就能够解决困扰绝大多数人的问题。该公司是一家向航空公司旅客提供飞机正晚点服务的公司，通过处理大量的历史数据（包括出发地天气情况、该时间段内的航班到达时间和晚点率）和实时情况来对比当前状态和以往情况的差距，预测航班晚点率，让旅客提前规划出行计划。

大数据思维不仅可以用于计算机领域，在基因组学、蛋白组学、天体物理和脑科学等以数据为中心、拥有大规模数据的学科中同样适用。中国科学院院士、分子生物学家赵国屏先生曾说："现代生命科学信息已具备大数据公认的 4V 特征，同时，大数据彻底颠覆了传统生命科学以假说指导实验和以模式生物为研究主体的科学发现模式，使生命科学研究进入数据密集型的科学发现第四范式时代。"

4.2.5　结构思维

2016 年 2 月，全球著名学术杂志 *Nature* 上刊登的文章中指出，国际半导体技术路线图将放弃对摩尔定律的追逐，在 3 月出版的国际半导体技术路线图将不再以摩尔定律为目标，而是采取一种叫作"新摩尔"的方法。这意味着摩尔定律在芯片行业创造了近 50 年来的神话终究还是被打破了。

通过这一事件我们不难发现结构思维的重要性，也就是说要想提升系统性能和效率，不能单单只依靠扩张硬件资源的方法，通过创新改进体系结构才是最稳定有效的方法。体系结构是算法的基础，从本质上决定了计算机的执行效率和最终效果。

　　例如我国首款商用八核处理器龙芯 3B 和它的改进版龙芯 3B 1500，后者在效率上较前者有 35%的提升。龙芯 3B 1500 之所以能够获得性能的提升主要源于对龙芯 3B 在体系结构上做出的两点改进。首先是对存储层次结构的改善，将前者的末级缓存从 4 MB 升级到 8 MB，而且在每个处理器核心引入 128 KB 的牺牲者高速缓存（Victim Cache，从主高速缓存中被替换的数据块称为牺牲者，而牺牲者高速缓存是用来缓存牺牲者的）。其次是对输入/输出结构的改进，例如将超传输技术从 1.0 版升级为 2.0 版，将内存接口从 DDR2 800 升级到 DDR3 1200。

　　计算机的发展过程经历了从早期巨型计算机到数万处理器核心机群的转换。我们可以将这种结构的变换进行推广，得到更多的结构思维维度，例如单核与多核、同步与异步、通用与专业等，如图 4.4 所示。

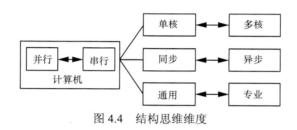

图 4.4　结构思维维度

4.3　抽象与推理

4.3.1　抽象

　　所谓抽象，就是要抽出与问题相关的最本质的属性，舍弃非相关的不重要属性。抽象化需要经过分离、提纯、简略这几个基本过程。

　　计算机科学中的抽象方式主要有符号化、形式化、逻辑化 3 种。符号化是指可以从一些具体的客观事物中抽象出来，只保留这些事物在数量上特性的过程，这就是抽象的符号化。比如"一台机器""一个人""一朵花""一棵树"就可以用数学符号 1 来抽象表示。形式化是指可以从一些具体的物体中抽象出形的概念，只考虑物体的共有特性，没有顾及事物代表的特殊的质的内容。"自行车的车轱辘""地球仪""太阳""月饼"等类似圆形的物体就可以用数学中的圆来表示。逻辑化是指在对问题进行抽象化处理时还需要满足逻辑性的要求。

在使用计算机处理问题之前，我们需要先对问题进行抽象化描述，然后用一系列符号来表示该问题。抽象是计算学科最基本的原理，问题的抽象与模型化是计算机专业的学生必须要掌握的技能之一。

1．哥尼斯堡七桥问题

哥尼斯堡七桥问题是 18 世纪著名的古典数学问题。在哥尼斯堡的公园内，有七座桥将普雷格尔河中两个岛与两岸连接起来，如图 4.5 所示。有人就提出是否可以从陆地或岛的任一位置出发，恰好通过每座桥一次，最终回到起点。

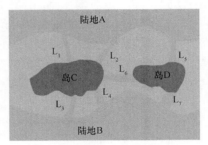

图 4.5　哥尼斯堡七桥问题

1736 年，数学家欧拉将其抽象为一个几何问题，并对这个问题进行了抽象化处理。他将陆地和岛都抽象成一个点，并将连接两个陆地之间的桥抽象成两个点间的连线，抽象化的结果如图 4.6 所示。其中 A、B 表示陆地，C、D 表示岛，L_1～L_7 表示那七座桥。经过研究最终证明这个问题是无解的。他将该问题称为一笔画问题，通过这个问题他还引申出了可以一笔画出连通图的充要条件，即奇点的数目不是 0 就是 2。所谓奇点就是指连接到一个点的路径数量为奇数个。而哥尼斯堡七桥问题中所有的点都是奇点（三个奇点数目为 3，一个奇点数目为 5），没有偶点，而且奇点的数量不是 2，而是 4，所以哥尼斯堡七桥这个一笔画问题是无解的。

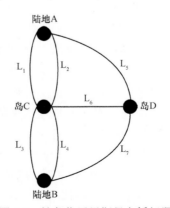

图 4.6　抽象化哥尼斯堡七桥问题

2．巧过河问题

有一个农夫、一只羊、一只狼、一捆菜（狼可以吃羊，羊可以吃菜，只有人在的情况，才避免羊或菜被吃掉），农夫需要把狼、羊、菜和自己都运到河对岸去，如图 4.7 所示，但是除人外，小船一次只能载一样东西过河（只有人才会往返坐船，其他不会），如何排序才能安全过河。

图 4.7　巧过河问题

利用抽象化思想，可以将出发岸上的组合情况抽象成图 4.8 中的点，用不同的点表示不同的组合方式，出发岸上的起始状态为"人羊狼菜"，最终想要达到的结束状态是"空"，即出发岸上没有任何物品，所有物品都已运到对岸。根据题目的描述，狼可以吃羊，羊可以吃菜，只有人在的情况，才避免羊或菜被吃掉，因此人、羊、狼、菜只有 10 种可能的组合方式，问题的求解过程就是找到一条从起始状态到结束状态尽可能短的通路。

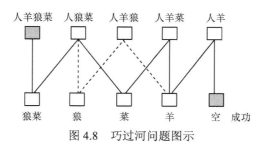

图 4.8　巧过河问题图示

通过分析狼、羊、菜三者的食物链发现，羊是解决本问题的关键，两种可行的方案如图 4.8 所示，实线表示一种方案，虚线表示另一种方案。实线方案的渡河过程为：人先将羊带到对岸，人返回；然后人再将狼带到对岸将羊带回；接着人将菜带到对岸，人返回；最后人再将羊带到对岸，这样 4 种物品就成功地到达了对岸。虚线方案的渡河过程为：人先将羊带到对岸，人返回；然后人再将菜带到对岸将羊带回，接着人将狼带到对岸，人返回；最后人再将羊带到对岸，这样人、羊、狼、菜都可以成功到达对岸。

4.3.2 逻辑推理

何谓推理？就是从已知的事实出发，使用已经掌握的信息推断出新的事实的过程。逻辑化推理就是指使用形式化方法进行推理的过程。在逻辑推理中，通常推理的正确性仅依赖于它们的形式，与内容无关。比如经典的三段论法。

在进行逻辑推理前，要确保已经包含了命题、连接词、谓词、量词等这些基本要素。命题就是指一个可以判定真假的语句。例如"今年是 2010 年"，我们可以判断出它说的是错误的，因为今年并不是 2010 年，所以刚才那句话是一个命题。

逻辑连接词就是指可以将简单命题组成更复杂命题的那些可以连接多个命题的词语。常见的有"如果……那么""要是……就……""只有……才……"等。

在接触谓词之前，先要掌握个体和客体的概念，个体或客体是指可以独立存在的人、物、事。在谓词逻辑中，刻画个体性质和关系的谓语称作谓词。

量词包括两类，一类是全称量词，用符号 ∀ 表示；另一类是存在量词，用符号 ∃ 表示。常见的全称量词有"所有的""任意的""每一个"等，常见的存在量词有"存在着""有一些""至少"等。

逻辑连接词是在命题逻辑中为了符号化表示复合命题而定义的 5 个表示连接词的符号。连接词是复合命题的重要组成部分，为了便于书写和推理，必须对连接词进行明确的规定和符号化表示。常用的 5 种连接词有否定、合取、析取、条件、双条件。5 种连接词的真值表如图 4.9 所示。

P	$\neg P$
T	F
F	T

(a) 否定

P	Q	$P \wedge Q$
T	T	T
T	F	F
F	T	F
F	F	F

(b) 合取

P	Q	$P \vee Q$
T	T	T
T	F	T
F	T	T
F	F	F

(c) 析取

P	Q	$P \rightarrow Q$
T	T	T
T	F	F
F	T	T
F	F	T

(d) 条件

P	Q	$P \leftrightarrow Q$
T	T	T
T	F	F
F	T	F
F	F	T

(e) 双条件

图 4.9　5 种连接词的真值表

否定用符号 ¬ 表示，它表示一个命题的否定，表示自然语言中"非""不""没有"等的逻辑抽象。

合取用符号 ∧ 表示，用于连接 P、Q 两个命题，当且仅当命题 P、Q 同时为真时，两者的合取为真。该符号表示自然语言中"并且""又""既……又……"等的逻辑抽象。例如有命题为今天刮风又下雨，用 P 表示命题今天刮风，用 Q 表示命题今天下雨，那么原命题用合取符号就可以表示为 P∧Q。

析取用符号 ∨ 表示，用于连接 P、Q 两个命题，当且仅当命题 P、Q 同时为假时，两者的析取为假。该符号表示自然语言中"或""或者"等的逻辑抽象。例如有命题为张三是北京人或山东人，用 P 表示命题张三是北京人，用 Q 表示命题张三是山东人，那么原命题用符号就可以表示为 P∨Q。

条件用符号 → 表示，用于连接 P、Q 两个命题，P→Q 表示如果 P，那么 Q，或者若 P 则 Q。当且仅当 P 为真，Q 为假时，P→Q 的值为假。

双条件用符号 ↔ 表示，用于连接 P、Q 两个命题，P↔Q 表示 P 当且仅当 Q。当且仅当 P、Q 的真值相同时，P↔Q 为真，否则 P↔Q 为假。该符号表示自然语言中的"充分必要条件""当且仅当"等逻辑抽象。

下面来看一个具体的例子。

假设：1.喜欢步行的人不喜欢坐公交。

　　　2.人们要么喜欢坐公交，要么喜欢骑自行车。

　　　3.有的人不喜欢骑自行车。

结论：有的人不喜欢步行。

本节用 $W(x)$ 表示 x 喜欢步行，用 $B(x)$ 表示 x 喜欢坐公交，用 $K(x)$ 表示 x 喜欢骑自行车。因此可以用符号的形式等价替换上面的文字描述，具体如下。

假设：1．$\forall x(W(x) \rightarrow \neg B(x))$

　　　2．$\forall x(B(x) \vee K(x))$

　　　3．$\exists x(\neg K(x))$

结论：$\exists x(\neg W(x))$

在进行推理过程之前还需要了解以下几条推理规则。

（1）$\forall xF(x) \Rightarrow F(x)$

（2）$F(x) \Rightarrow \forall xF(x)$

（3）$\exists xF(x) \Rightarrow F(c)$

（4）$F(c) \rightarrow \exists xF(x)$

（5）$(\neg P \vee Q) \equiv (P \rightarrow Q)$

（6）$P \rightarrow Q, \neg Q \Rightarrow \neg P$

下面开始推理过程。由假设 3 和规则（3）可以推理得到 $\neg K(c)$；由假设 1 和规则（1）可以推得 $W(c) \rightarrow \neg B(c)$；由假设 2 和规则（1）可以推得 $B(c) \vee K(c)$；

通过前面推得的 $B(c) \vee K(c)$ 以及双重否定原理，可以得到 $\neg\neg B(c) \vee K(c)$；再由刚推得的结论与规则（5）可以得到 $\neg B(c) \rightarrow K(c)$；接着由规则（6）和前面推得的 $\neg K(c)$、$\neg B(c) \rightarrow K(c)$ 可以得到 $\neg\neg B(c)$；再由规则（6）和前面推得的 $W(c) \rightarrow \neg B(c)$ 以及 $\neg\neg B(c)$ 得到 $\neg W(c)$；最后通过规则（4）和 $\neg W(c)$ 推得最终结论 $\exists x(\neg W(x))$。

参考文献

[1] WING J M. Computational thinking[J]. CACM, 2006, 49(3): 33-35.

[2] 维克托·迈尔-舍恩伯格, 肯尼思·库克耶. 大数据时代: 生活、工作与思维的大变革[M]. 盛杨燕, 周涛, 译. 杭州: 浙江人民出版社, 2012.

[3] 赵一鸣. ACM/IEEE-CS 2001 与计算机专业课程设置[J]. 高等理科教育, 2002(1): 43-47.

[4] 陈国良, 董荣胜. 计算思维的表述体系[J]. 中国大学教学, 2013(12): 24-28.

[5] 赵伶俐. 量化世界观与方法论——《大数据时代》点赞与批判[J]. 理论与改革, 2014(6): 108-112.

[6] 董荣胜. 计算思维与计算机导论[J]. 计算机科学, 2009, 36(4): 50-52.

[7] 郎杨琴, 孔丽华. 科学研究的第四范式 吉姆·格雷的报告 "e-Science: 一种科研模式的变革" 简介[J]. 科研信息化技术与应用, 2010(2): 94-96.

练 习 题

1. 谈谈你对计算思维的理解。

2. 计算机求解问题和人求解问题有何异同点？

3. 所有的量化都是合理的吗？为什么量化有意义？

4. 结合实际生活，列举几个量化世界的例子。

5. 各种科学思维为什么没有同时出现？

6. 除了文中提到的内容，计算思维还可以应用于哪些领域，试举例说明。

7. 完成下面的 PROLOG 程序中的最后两个规则，即确定 i、j 的值，使谓词 Mother（i,j）表示 i 是 j 的母亲，而 Father（i,j）表示 i 是 j 的父亲。程序如下。

Female（Cathy）

Female（Lily）

Male（Tom）

Male（John）

Parent（John,Cathy）

Parent（Lily,Cathy）

Mother（i,j）

Father（i,j）

8. 抽象的目的是什么?

9. 列出几个生活中使用抽象思维解决问题的例子。

10. 计算机能够代替人进行推理吗?

第5章
学科知识体系

5.1 学科规范

5.1.1 国外课程体系设计

美国ACM协会和IEEE计算机协会长期以来致力于创建计算机科学本科国际课程指南。随着计算机领域的不断发展，课程指南也不断完善优化，ACM与IEEE先后发布了Curriculum68、Computer Science Curriculum 2001（简称CS2001）、Computer Science Curriculum 2008（简称CS2008）以及Computer Science Curriculum 2013（简称CS2013），每一版都是顺应时代变化的改进版，得到了国内外高校的普遍认可，指引着计算机学科课程建设的发展方向。

CS2013是ACM与IEEE推出的第四版课程指南，它整理了全球201所院校的调研结果，集合了全世界计算机教育界众多灵魂人物的思想。该指南是全球众多高校在确定本校课程体系时的重要参考依据。CS2013涵盖了计算机科学知识体系的重定义，重新明确了计算机科学的必要课程。该指南利用18个知识域来展现知识体系，并根据主题对内容进行合理组织，知识域与课程并不是一一对应关系，一个课程内可能包含多个知识域的内容。

与CS2001、CS2008相比，CS2013版课程指南中知识体系发生了一些变化，如表5.1所示。为了适应学科发展变化，CS2013增加了4个知识域，分别是信息保障与安全、并行与分布式计算、基于平台开发以及软件开发基本原理，并且将每个知识域的核心内容划分为一、二这两个等级。

表 5.1　CS2001、CS2008 与 CS2013 课时对比

知识域	CS2001	CS2008	CS2013	
			等级一	等级二
算法与复杂度（AL）	31	31	19	9
计算机结构体系与组成（AR）	36	36	0	16
计算机科学（CN）	0	0	1	0
离散数学（DS）	43	43	37	4
图形与可视化（GV）	3	3	2	1
人机交互（HCI）	8	8	4	4
信息保障与安全（IAS）	—	—	3	6
信息管理（IM）	10	11	1	9
智能系统（IS）	10	10	0	10
网络与通信（NC）	15	15	3	7
操作系统（OS）	18	18	4	11
基于平台开发（PBD）	—	—	0	0
并行与分布式计算（PD）	—	—	5	10
程序设计语言（PL）	21	21	8	20
软件开发基础（SDF）	28	47	43	0
软件工程（SE）	31	31	6	22
系统基础（SF）	—	—	18	9
社会问题与专业实践（SP）	16	16	11	5
课时总计	280	290	165	143

卡内基梅隆大学（Carnegie Mellon University，CMU）拥有全美顶级计算机学院，该学院公布的计算机专业核心课程有 Principles of Imperative Computation（命令式语言编程）、Principles of Functional Programming（函数式语言编程）、Parallel and Sequential Data Structures and Algorithms（并行/串行数据结构和算法）、Introduction to Computer Systems（计算机系统基础）、Great Theoretical Ideas in Computer Science（计算机理论基础）、Algorithm Design and Analysis（算法分析与设计）。

麻省理工学院（Massachusetts Institute of Technology，MIT）素以世界顶尖的工程学和计算机科学而享誉世界，计算机科学在 2019 年 QS 世界大学排名中位列第一。2002 年 MIT 计算机专业核心课程如图 5.1 所示。图中由下至上，不同层级以背景图案做区分，分别表示低年级到高年级相关课程，连线表示各课程之间的依赖关系。从图 5.1 中可以看到，核心课程包括电磁学基础、微积分基础、线性

代数、基础离散数学、电子工程与计算机科学介绍、计算机体系结构、软件构建基础、算法导论、计算机系统工程、人工智能等。

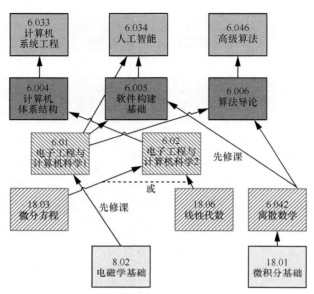

图 5.1　2002 年 MIT 计算机专业核心课程

加州大学伯克利分校（University of California, Berkeley，简称伯克利（Cal））的计算机专业排名位居世界前列。其计算机核心课程包括 Structure and Interpretation of Computer Programs（计算机程序的构造与解释）、Data Structures（数据结构）、Machine Structures（机器结构）、Digital Electronics（数字电子学）、Algorithms（算法）、Operating systems（操作系统）等。

5.1.2　国内培养方案简介

2006 年，教育部高等学校计算机科学与技术教学指导委员会编制了《高等学校计算机科学与技术专业发展战略研究报告暨专业规范（试行）》，该规范面向全国几十万的在校生，提出了以"专业方向分类"为核心思想的计算机专业发展建议，把计算机科学与技术专业（简称计算机专业）人才培养的规格分为科学型、工程型、应用型，并建议分别按照计算机科学方向、计算机工程方向、软件工程方向、信息技术方向 4 个专业方向培养。

2008 年，教育部高等学校计算机科学与技术教学指导委员会编制了《高等学校计算机科学与技术专业公共核心知识体系与课程》，将程序设计、离散结构、数据结构、计算机组成、计算机网络、操作系统、数据库系统这 7 门课程作为计算机专业的公共核心课程。

后期考虑到软件工程在学科发展中的重要作用，2009 年 7 月，教育部高等学校计算机科学与技术教学指导委员会编制了《高等学校计算机科学与技术专业核心课程教学实施方案》，该方案将软件工程加入计算机专业公共核心课程的行列，核心课程数变为 8 门。

2012 年，教育部印发了《普通高等学校本科专业目录（2012 年）》，其中，计算机类专业包含计算机科学与技术、软件工程、网络工程、信息安全、物联网工程、数字媒体技术。

2018 年，教育部发布了《普通高等学校本科专业类教学质量国家标准》（以下简称国家标准）正式发布。国家标准里对计算机类教学质量的标准进行了描述，其概述内容如下。

计算机科学与技术、软件工程、网络空间信息安全等计算机类学科，统称为计算机科学，它是从电子科学与工程和数学发展来的。计算机科学通过在计算机上建立模型和系统，模拟实际过程进行科学调查和研究，通过数据搜集、存储、传输与处理等进行问题求解，包括科学、工程、技术和应用。其科学部分的核心在于通过抽象建立模型实现对计算规律的研究；其工程部分的核心在于根据规律，低成本地构建从基本计算系统到大规模复杂计算应用系统的各类系统；其技术部分的核心在于研究和发明用计算进行科学调查与研究中使用的基本手段和方法；其应用部分的核心在于构建、维护和使用计算系统实现特定问题的求解。其根本问题是"什么能且如何被有效地实现自动计算"，学科呈现抽象、理论、设计 3 个学科形态，除了基本的知识体系，更有学科方法学的丰富内容。

计算机科学已经成为基础技术学科。随着计算机和软件技术的发展，继理论和实验后，计算成为第三大科学研究范型，从而使计算思维成为现代人类重要的思维方式之一。信息产业成为世界第一大产业，信息技术的发展，正在改变着人们的生产和生活方式，离开信息技术与产品的应用，人们将无法正常工作和生活。所以，没有信息化，就没有国家现代化；没有信息安全，就没有国家安全。计算技术是信息化的核心技术，其应用已深入各行各业。这些使计算机科学、计算机类专业人才在经济建设与社会发展中占有重要地位。计算机技术与其他行业的结合有着广阔的发展前景，"互联网+""中国制造 2025"等是很好的例子。

计算机类专业的主干学科是计算机科学，相关学科有信息与通信工程和电子科学与技术。计算机类专业包括计算机科学与技术、软件工程、网络工程、信息安全、物联网工程等专业，相关专业包括电子信息工程、电子科学与技术、通信工程、信息工程等电子信息类专业，以及自动化专业。

计算机类专业承担着培养计算机类专业人才的重任，本专业类的大规模、多层次、多需求的特点，以及社会的高度认可，使其成为供需两旺的专业类。计算机类专业人才的培养质量直接影响着我国信息技术的发展和我国的经济建设与社会发展。计算机类专业人才培养水平的高低，直接影响着国家的发展和民族的进步。同时，计算机类专业人才培养中所提供的相关教育认识和内容，对非计算机专业人才计算机能力的培养也具有基础性的意义。

由于不同类型人才将面对不同问题空间，对他们的培养强调不同学科形态的内容，需用不同的教育策略，计算机科学"抽象第一"的基本教育原理也在不同层面上得到体现。总体上，对绝大多数学生来讲，计算机类专业更加强调工程技术应用能力的培养。

2018年，中国计算机学会编著的《计算机科学与技术专业培养方案编制指南》中给出了计算机科学与技术专业的学习进程参考，如图5.2所示。

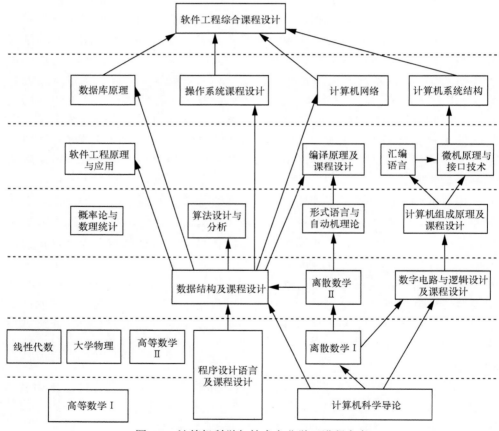

图 5.2　计算机科学与技术专业学习进程参考

南京大学发布的 2017 版计算机科学与技术专业人才培养方案按照南京大学三三制本科培养体系要求,凸显了一个核心基础和三个创新能力的人才培养目标,如图 5.3 所示。计算机科学与技术专业的平台课程关系如图 5.4 所示。

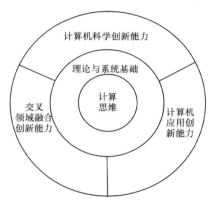

图 5.3　南京大学计算机科学与技术系创新人才培养目标

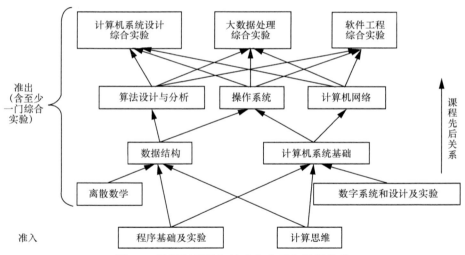

图 5.4　计算机科学与技术专业平台课程关系

随着互联网技术的发展,网络的应用已经渗透到我们生活的方方面面。现代化社会对信息系统的依赖越来越大,网络技术给我们生活带来了极大的便利,同时也使信息安全问题日益突出。国内网络安全人才培养仍处于起步阶段,社会上网络安全人才存在巨大缺口,加强网络安全人才的培养势在必行。目前国内高校陆续开设信息安全专业,包括上海交通大学、武汉大学、西安电子科技大学、中国科学技术大学、北京邮电大学、复旦大学、浙江大学、信息工程大学等。

上海交通大学 2016 年发布的信息安全培养计划中，将信息安全专业知识体系划分为自然科学知识、人文科学知识和专业知识三部分，重点细分了专业知识部分，如图 5.5 所示。

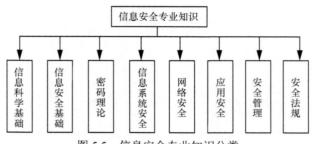

图 5.5　信息安全专业知识分类

2018 年，北京航空航天大学根据学科发展方向公布了信息安全专业培养方案，在其发布的信息安全专业培养方案中，整理了从第一学期到第六学期的核心课程间的逻辑关系，如图 5.6 所示。

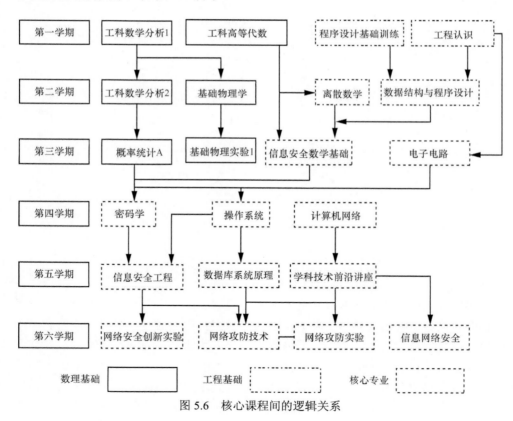

图 5.6　核心课程间的逻辑关系

中国科学技术大学公布的 2012 年版信息安全人才培养方案中,给出了信息安全专业主要课程间的关系,如图 5.7 所示。

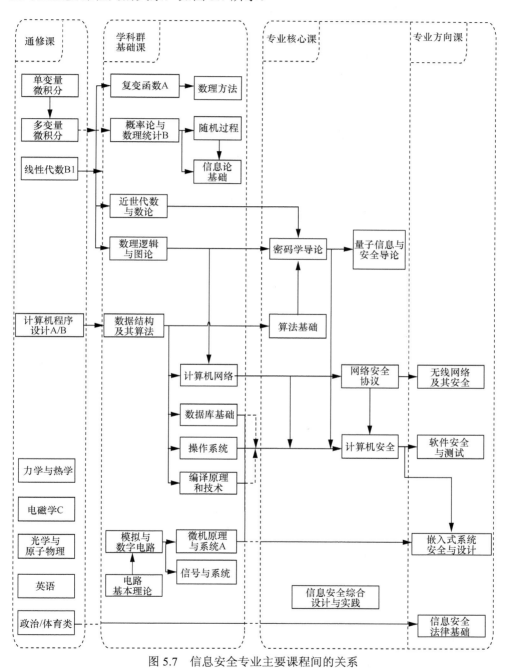

图 5.7　信息安全专业主要课程间的关系

典型的计算机类专业课程体系如图 5.8 所示。其中离散数学、数据结构、程序设计、电子线路、电路分析属于学科基础必修课，操作系统、计算机组成与体系结构、计算机网络、软件工程属于专业发展核心课，其余课程属于专业选修课。

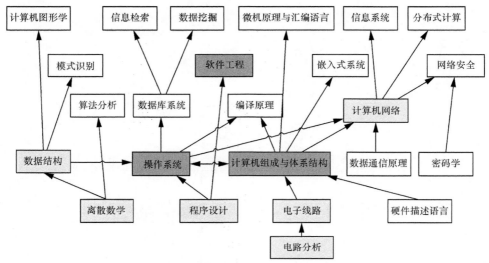

图 5.8　典型的计算机类专业课程体系

人工智能作为一门新的技术科学已成为世界各国彰显创新实力的必争之地。中国的人工智能领域发展迅猛，预计到 2030 年，人工智能核心产业规模将突破 1 万亿元，带动相关产业规模超过 1 万亿元，但人才缺口巨大，供需比例仅为1∶10，全球人工智能人才储备，中国只占 5%左右。从业人员主要集中在应用层，基础层人才储备薄弱，缺乏高级人才支持和高端教育体系为产业发展续航。2017 年国务院印发《新一代人工智能发展规划》。2018 年教育部制定《高等学校人工智能创新行动计划》，明确提出"支持高校在计算机科学与技术学科设置人工智能学科方向，推进人工智能领域一级学科建设""加大人工智能领域人才培养力度"，为我国新一代人工智能发展提供战略支撑。

根据中国教育部官网公布的 2018 年度普通高等学校本科专业备案和审批结果显示，人工智能专业被列入新增审批本科专业名单，共有 35 所中国高校获得首批建设资格，既有浙江大学、南京大学、吉林大学等综合性大学，也有武汉理工大学、电子科技大学等理工科院校。中国人工智能专业的开端，最早可以追溯到 2003 年北京大学智能科学与技术专业的建立。2017 年共有 19 所高校新增智能科学与技术专业，这一数字在 2018 年猛增至 96 所。从教育部公布的名单来看，除人工智能专业以外，2018 年新开设人工智能相关专业的高校也不在少数，开设的专业包括智能科学与技术、大数据管理与应用、机器人工程、数据科学与大数据技术等。

在人工智能发展进入新阶段的时代背景下,南京大学于 2018 年 3 月正式成立人工智能学院,形成了一支以周志华教授为核心的在人工智能领域具有国际影响力的优势团队。

2018 年 5 月,南开大学人工智能学院成立,并召开 2018 年度人工智能教学和人才培养研讨会探讨人才培养计划。学院已开设智能科学与技术专业,主要课程逻辑关系如图 5.9 所示。

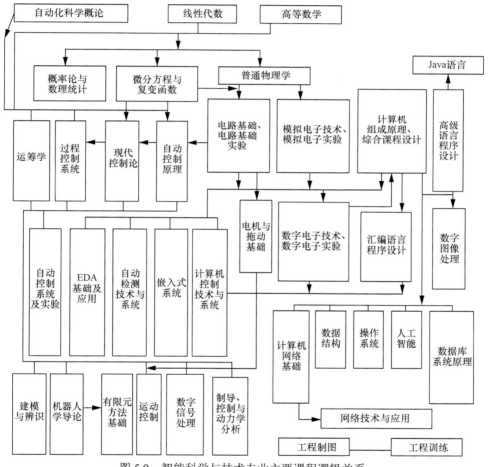

图 5.9 智能科学与技术专业主要课程逻辑关系

很多高校积极贯彻落实国家规划和教育部创新行动计划,开设人工智能专业,助力专业人才培养,为国家产业发展保驾护航。参考国内开设较早、教学水平较高的人工智能专业培养方案,本书根据课程的先后关系,整理了课程间的逻辑关系,如图 5.10 所示,从上到下层次依次递增。

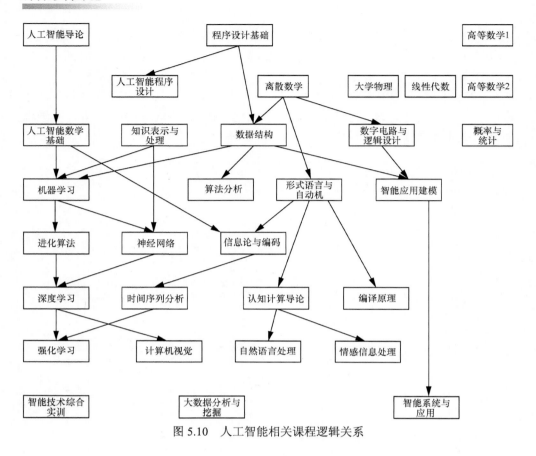

图 5.10 人工智能相关课程逻辑关系

5.2 信息与数据

5.2.1 数制系统

为什么在计算机内部要使用二进制作为基本的计数方式？这是因为二值信号容易表示，在设计电路时较容易，便于生产、提高集成度，计算和变换容易，相关理论（布尔代数）比较成熟。

随着大数据时代的来临，数据量不断增大，如果仍以字节为单位来表示数据会有些复杂，所以又出现了一些新的数据存储单位，由小到大依次为 KB、MB、GB、TB、PB、EB、ZB、YB、BB 等，其换算关系如表 5.2 所示。

表 5.2　数据存储单位换算关系

单位	说明	换算方式
KB	KiloByte，千字节	1 KB = 1 024 B
MB	MegaByte，兆字节，简称"兆"	1 MB = 1 024 KB
GB	GigaByte，吉字节，又称"千兆"	1 GB = 1 024 MB
TB	TrillionByte，太字节	1 TB = 1 024 GB
PB	PetaByte，拍字节	1 PB = 1 024 TB
EB	ExaByte，艾字节	1 EB = 1 024 PB
YB	JottaByte，尧字节	1 YB = 1 024 ZB

日常生活中采用的计数方式通常是十进制，而在计算机科学中，两个最常用、最重要的数制是二进制和十六进制。因此掌握这 3 种数制间的转换方法对于计算机专业的学生来说尤其重要。

1．十进制转二进制

正整数转换方法简单来说就是除 2 取余，再将余数倒序排列。将一个十进制数除以 2，得到的商再除以 2，以此类推，直到商等于 1 或者 0，将除得的余数倒序排列即为最终转换的二进制结果。

例如，将十进制数 26 转换为二进制数的过程如图 5.11 所示。26 除以 2 得到的余数依次为 0、1、0、1、1，将余数倒序排列就得到了十进制数 26 对应的二进制数 11010。由于数据在计算机内部保存时都是定长的，以 2 的幂次展开，或者 8 位，或者 16 位等，因此当十进制数转换为二进制数后，位数不满足 2 的幂次时，需要在最高位（左侧为高位）前补 0。比如上面的例子，转换为二进制后只有 5 位，需要最高位处补 3 个 0，最终转换的结果为 00011010。

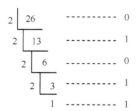

图 5.11　十进制转二进制示例

2．二进制转十进制

将二进制数转换为十进制数的方法是用二进制数值分别乘以 2 的对应次幂，二进制的最右侧位与 2 的 0 次幂相乘，然后其左一位与 2 的 1 次幂相乘，以此类推，直到乘到最高位，然后再将所得依次相加。

例如，将二进制数 1011 转换为十进制数，如图 5.12 所示。从右向左，将二进制数的各位依次与 2 的对应次幂相乘。最右侧个位数 1 与 2 的 0 次幂相乘，$1 \times 2^0 = 1$；十位数 1 与 2 的 1 次幂相乘，$1 \times 2^1 = 2$；百位数 0 与 2 的 2 次幂相乘，$0 \times 2^2 = 0$；千位数 1 与 2 的 3 次幂相乘，$1 \times 2^3 = 8$。最后将所得的结果相加，$1 + 2 + 0 + 8 = 11$，因此将二进制数 1011 转换成十进制数的结果为 11。

图 5.12　二进制转十进制示例

3．二进制转十六进制

在学习转换方法之前，我们先来看一下十六进制数的表示方法。0~9 依然使用相应的十进制表示，没有变化，从 10 开始，在字母和数值间建立一种映射关系，10 用 A 表示，11 用 B 表示，12 用 C 表示，13 用 D 表示，14 用 E 表示，15 用 F 表示，如表 5.3 所示。

表 5.3　十六进制数的表示方法

十进制数	十六进制数
0	0
1	1
2	2
3	3
4	4
5	5
6	6
7	7
8	8
9	9
10	A
11	B
12	C
13	D
14	E
15	F

二进制转十六进制的方法就是取四合一，即从二进制的最右侧开始，从右向左，每四位划为一组进行进制转换。在举例说明之前，先看一下二进制与十六进制的对应关系，如表 5.4 所示。

表 5.4　十六进制数与二进制数的对应关系

十六进制数	二进制数
0	0000
1	0001
2	0010
3	0011
4	0100
5	0101
6	0110
7	0111
8	1000
9	1001
A	1010
B	1011
C	1100
D	1101
E	1110
F	1111

假如现在有一个二进制数 0100110100，从右向左每四位划分为一个单元，那么得到的结果是 01,0011,0100，由于最后一组不足四位，因此要在最高位处补两个 0，得到的结果是 0001,0011,0100，接着将每个单元内容依次转换为十六进制数是 1，3，8，具体转换过程如图 5.13 所示。十六进制的表示方法有两种，一种是加前缀 0x，另一种是加后缀 H，两种方式都可以表示十六进制数，因此上面的十六进制数可以表示成 0x138，也可以表示成 138H。具体何时用前缀，何时用后缀要根据实际环境来判定，比如在 C 语言中就需要使用 0x，而不能使用 H。

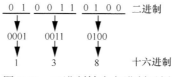

图 5.13　二进制转十六进制示例

4．十六进制转二进制

十六进制转二进制就是二进制转十六进制的逆过程，将每一位十六进制数转换为相应的二进制，然后再将所有的二进制拼接到一起，得到最终的二进制数。例如将十六进制数 0x35C 转换为二进制数，转换过程如图 5.14 所示。

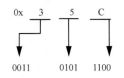

图 5.14　十六进制转二进制示例

5.2.2　数值信息的二值化

在计算机中，常见的数值形式为有符号数和无符号数。对于存储在计算机内的二进制数而言，如果想要表示这个数的正负，就需要用有符号数来表示。有符号数的表示方法为：将二进制中的最高位作为符号位，若表示正数，最高位用 0 来表示，若表示负数，最高位用 1 来表示；将二进制中除最高位外的其余位作为数值位，表示实际的数值。相较有符号数而言，无符号数则简单得多，二进制的所有位数均用来表示实际的数值。计算机中是如何对有符号数和无符号数进行二值化表示的？简单来讲，对于无符号数，所有数都是正数，直接用二进制数表示即可。对于有符号数，需要对符号进行编码。

二进制数值的表示以及在计算机内的存储方式介绍如下。

1．有符号数

在阐述有符号数的表示方法之前先来介绍两个重要的概念，真值和机器数。真值就是一个数本身代表的实际值。机器数是指在计算机中使用的连同数符一起代码化的数。机器数有 3 种表示方式，原码、反码和补码。

原码的表示方法为使用二进制中的最高位作为符号位，0 表示正数，1 表示负数；使用二进制中的其余位数表示数值部分，以绝对值形式来表示。表 5.5 展示的是整数和浮点数的原码表示方法。对于+11010 而言，真值为正数，因此二进制最高位用 0 表示，最终得到的原码为 011010；对于−11010 而言，真值为负数，因此二进制最高位用 1 表示，最终得到的原码为 111010。对于+0.10101 而言，真值为正数，因此二进制最高位用 0 表示，最终得到的原码为 0.10101；对于−0.10101 而言，真值为负数，因此二进制最高位用 1 表示，最终得到的原码为 1.10101。

表 5.5　整数和浮点数的原码表示方法

数值类型	真值 X	[X]原
整数	+11010	011010
	−11010	111010
浮点数	+0.10101	0.10101
	−0.10101	1.10101

反码的表示方法为使用二进制中的最高位作为符号位，0 表示正数，1 表示负数。若真值为正数，则数值部分的表示同原码的表示；若真值为负数，则数值部分的表示方法为原码中各位按位取反。表 5.6 展示的是整数和浮点数的反码表示方法。对于 +11010 而言，真值为正数，因此二进制最高位用 0 表示，数值部分与原码表示方法一致，最终得到的反码为 011010；对于−11010 而言，真值为负数，因此二进制最高位用 1 表示，数值部分在原码基础上按位取反，最终得到的反码为 100101。对于 +0.10101 而言，真值为正数，因此二进制最高位用 0 表示，数值部分与原码表示方法一致，最终得到的反码为 0.10101；对于−0.10101 而言，真值为负数，因此二进制最高位用 1 表示，数值部分在原码基础上按位取反，最终得到的反码为 1.01010。

表 5.6　整数和浮点数的反码表示方法

数值类型	真值 X	[X]反
整数	+11010	011010
	−11010	100101
浮点数	+0.10101	0.10101
	−0.10101	1.01010

补码的表示方法为使用二进制中的最高位作为符号位，0 表示正数，1 表示负数。若真值为正数，则数值部分的表示同原码的表示；若真值为负数，则数值部分的表示方法为原码中各位按位取反，然后在末位处加 1。计算机内部是采用补码的形式来存储数据的。表 5.7 展示的是整数和浮点数的补码表示方法。对于 +11010 而言，真值为正数，因此二进制最高位用 0 表示，数值部分与原码表示方法一致，最终得到的补码为 011010；对于−11010 而言，真值为负数，因此二进制最高位用 1 表示，数值部分在原码基础上按位取反再加 1，最终得到的补码为 100110。对于+0.10101 而言，真值为正数，因此二进制最高位用 0 表示，数值部分与原码表示方法一致，最终得到的补码为 0.10101；对于−0.10101 而言，真值为负数，因此二进制最高位用 1 表示，数值部分在原码基础上按位取反再加 1，因此最终得到的补码为 1.01011。

表 5.7　整数和浮点数的补码表示方法

数值类型	真值 X	[X]补
整数	+11010	011010
	−11010	100110
浮点数	+0.10101	0.10101
	−0.10101	1.01011

2．无符号数

无符号数就是将所有的二进制数位均用于表示真值。无符号数的表示大致可以分为两类，一类是整数的表示，另一类是小数的表示。5.2.1 节讲到了正整数的十进制与二进制间的转换，这里再讲一下小数的十进制与二进制间的转换方法。首先来看一下如何将用十进制表示的小数转换成用二进制表示的。小数的转换包含两部分，整数部分的转换以及小数部分的转换。整数的转换方法在 5.2.1 节已经介绍，这里不再赘述。小数部分的转换原则是乘 2 取整，顺序排列。首先用 2 乘以十进制小数，将乘积中的整数部分取出，接着用 2 乘以新得到的小数部分，再将积的整数部分取出，让小数部分乘以 2，以此类推，直到积中的小数部分为 0，或者达到所要求的精度。之后将得到的所有整数部分按先后顺序从高位到低位依次排列。

例如要将十进制数 39.8125 转换为二进制数。将这个十进制数拆分成两部分，整数部分 39 和小数部分 0.8125。$(39)_{10} = (100111)_2$，小数部分的转换过程如图 5.15 所示，$(0.8125)_{10} = (1101)_2$。因此最终转换后得到的二进制数为 100111.1101。

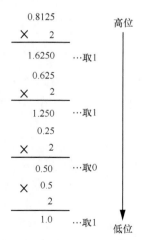

图 5.15　十进制小数转二进制小数

5.2.3　文字的二值化

计算机编码是指计算机内部表示字母或数字的方式。编码的最小单位是位。常见的编码方式有 ASCII（American Standard Code for Information Interchange，美国信息互换标准代码）编码、GB2312 编码、UTF-8 编码、Unicode 编码等。

ASCII 是基于罗马字母表的一套计算机编码系统，主要用于显示现代英语和其他西欧语言。在计算机中一个 ASCII 码占一个字节的存储单元。

ASCII 码如表 5.8 所示。第 0～31 号及第 127 号这 33 个字符表示的是控制字符或通信专用字符，如控制符 LF（换行）、CR（回车）、FF（换页）、DEL（删除）、BEL（振铃）等，通信专用字符 SOH（文头）、EOT（文尾）、ACK（确认）等。第 32～126 号（共 95 个）表示的是字符，其中第 48～57 号表示 10 个（0～9）阿拉伯数字，65～90 号表示 26 个大写英文字母，97～122 号表示 26 个小写英文字母，剩余的字符表示标点符号、运算符号等。

表 5.8　ASCII 码

低位	高位							
	000	001	010	011	100	101	110	111
0000	NUL（空字符）	DLE（跳出数据通信）	SPACE	0	@	P	`	p
0001	SOH（标题开始）	DC1（设备控制1）	!	1	A	Q	a	q
0010	STX（文本开始）	DC2（设备控制2）	”	2	B	R	b	r
0011	ETX（文本结束）	DC3（设备控制3）	#	3	C	S	c	s
0100	EOT（传输结束）	DC4（设备控制4）	$	4	D	T	d	t
0101	ENQ（请求）	NAK（确认失败回应）	%	5	E	U	e	u
0110	ACK（确认回应）	SYN（同步用暂停）	&	6	F	V	f	v
0111	BEL（响铃）	ETB（区块传输结束）	’	7	G	W	g	w
1000	BS（退格）	CAN（取消）	(	8	H	X	h	x
1001	HT（水平定位符号）	EM（连接介质中断）	)	9	I	Y	i	y
1010	LF（换行键）	SUB（替换）	*	:	J	Z	j	z
1011	VT（垂直定位符号）	ESC（跳出）	+	;	K	[	k	{
1100	FF（换页键）	FS（文件分隔符）	,	<	L	\	l		
1101	CR（归位键）	GS（组群分隔符）	−	=	M	]	m	}
1110	SO（取消变换）	RS（记录分隔符）	.	>	N	^	n	～
1111	SI（启用变换）	US（单元分隔符）	/	?	O	_	o	DEL（删除）

GB2312 又可称作GB2312-80字符集，全称为《信息交换用汉字编码字符集·基本集》，1981 年 5 月 1 日由原中国国家标准总局发布实施，是中国国家标准的简体中文字符集。它所收录的汉字的使用频率已经达到了 99.75%，基本满足了计算机处理汉字的需要，在中国和新加坡获广泛使用。

GB2312 收录简化汉字及一般符号、序号、数字、拉丁字母、日文假名、希腊字母、俄文字母、汉语拼音符号、汉语注音字母，共 7 445 个图形字符。其中包括 6 763 个汉字，一级汉字 3 755 个，二级汉字 3 008 个。此外，该字符集还包括拉丁字母、希腊字母、日文平假名及片假名字母、俄语西里尔字母在内的 682 个全角字符。

5.2.4 声音的二值化

声音等音频信号数字化具有以下几点优势。

① 计算机擅长对数字信号进行运算和处理。因为计算机内数据都是以二进制形式存储的，所以可以借助计算机处理相应的信号数据，实现声音等音频信号的数字化处理，加大编码、解码等操作的方便性。

② 节省存储空间和成本。

③ 可以与图形、视频等其他媒体信息进行多路复用，实现多媒体化和网络化。

④ 可以不失真地远距离传输。

简单来讲，声音等音频信号的数字化就是将连续变化的模拟信号转换为离散的数字信号。在转化过程中包含 3 个重要步骤，分别是采样、量化、编码。采样（又称取样或抽样）是指每隔一定时间在模拟数据中抽取一个样本，即瞬时幅度值，是对时间进行离散化处理。量化是指用有限长数字量逼近模拟量，是对幅值进行离散化处理。编码是指将量化后得到的数据进行二进制转化的过程，是对数值进行二值化处理。

图 5.16 展示了将一段声音的模拟信号转化为数字信号的过程。在得到一段模拟数据后首先进行采样操作，假设采样间隔为 1 个时间单位，总共采集 10 个样本点。接下来进行量化处理，将图中纵坐标值进行量化处理，依次找到 10 个样本点对应的纵坐标值，1～10 号这 10 个样本点对应的纵坐标值依次为 2，3，5，8，5，2，2，3，4，3。最后完成数据的编码操作，这里的编码方式选择最简单的二进制编码，即将 10 个样本经量化后得到的值用二进制进行表示，编码后的结果依次为 010，011，101，111，101，010，010，011，100，011。

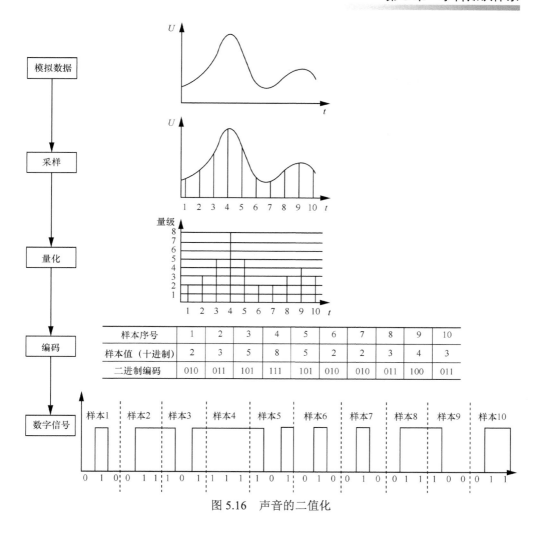

图 5.16　声音的二值化

5.2.5　图像、图形的二值化

图像是指将通过扫描仪、摄像机等外部输入设备捕捉到的画面转换成的数字图像，通常用位图（Bitmap，BMP）表示。所谓 BMP，是指由若干个像素点拼接而成的图形，每个像素点与显存中的位对应，并且每个像素点具有位置和颜色属性。比如生活中常见的计算机显示屏，它就可以看作一个包含了大量像素点的网格。

BMP 中像素的编码方式根据图像的不同而不同，因此 BMP 又可以细分为二值图像、RGB 彩色图像。二值图像又称作黑白图像，像素的颜色属性值只有 0、1 两种。人们通常使用黑白、单色图像表示二值图像。进行数字图像处理时经常使用二值图像作为图像分割、二值化的结果。对于彩色图像，则采用更复杂的编码方式来表示像素信息。RGB 色彩模式是工业界的一种颜色标准，通常使用 RGB 来表示 24 位图像，R（Red，红色）、G（Green，绿色）、B（Blue，蓝色）每种颜色分别占 8 位，每个像素表示 3 种颜色的成分。

所谓图像的二值化就是将图像上每个点的信息按照数字转换方式转化成一系列二进制数列，利用二进制数列来表示图像信息。与声音等音频信号的数字化处理类似，图像的数字化同样也需要 3 个核心步骤，分别是扫描、采样和量化。计算机中存储的图像可以看作对二维函数 $f(x,y)$ 进行采样和量化后得到的结果，因此在计算机内一般使用二维矩阵来存储经数字化处理后的图像。二值图像示例如图 5.17 所示。

图 5.17　二值图像示例

BMP 或称设备无关位图（Device Independent Bitmap，DIB），是 Windows 操作系统中的标准图像文件格式。该种格式图像未经过压缩处理，因此 BMP 格式的文件占用的存储空间较大。但它的优势在于不会丢失任何图像细节，适于对图像效果要求严格的行业。

除了像 BMP 这类未经压缩处理的位图外，还有一类图像需要经过压缩处理。根据压缩方法的不同，可以将图像分为两类，一类是无损压缩图像，另一类是有损压缩图像。

无损压缩主要用于不希望原始信息丢失，并且对压缩比没有严格要求的领域，例如认证签名、档案图像、卫星成像、数字 X 光探伤成像等，医疗卫生领域也在逐步从有损压缩向无损压缩过渡。无损压缩前、后图像信息没有任何丢失，并且对压缩后的图像进行解压处理可以精确重建原始图像。因此它的压缩比并不是很高，一般可以达到 2:1～4:1。在医学诊疗中，无损压缩能够为医生提供与原始图像等质量的图像信息，比如美国已经出台相关的法律，不允许在医疗领域使用有损压缩处理图像，避免因图像失真、不清晰等原因导致医生误诊。

相对于无损压缩，有损压缩就意味着在压缩的过程中会产生一些信息丢失。

通过对解压后信息重建得到的图像只是近似地与原始图像相同。在很多场景下，对于风景、人物照片等一般图像，这种近似相同是我们可以容忍的，因为丢失掉的那部分信息无法通过肉眼直接识别。丢失部分信息的好处就在于可以将压缩比提升至 10:1，甚至达到 40:1。

比如常见的 JPEG（Joint Photographer's Experts Group，简称 JPG）格式图像就是采用的有损压缩方式。JPEG 即静止图像压缩标准，是由 ISO 和 CCITT（国际电报电话咨询委员会）为静态图像所建立的第一个国际数字图像压缩标准，它的建立是为了解决专业摄影师所遇到的图像信息过大的问题。JPEG 图像压缩算法在提供良好压缩性能的同时，具备较好的重建质量，被广泛应用于图像、视频处理领域。

图形通常是指由外部轮廓线条构成的矢量图，常见的有直线、圆、矩形、曲线、图表等。矢量图利用线段和曲线来描述图像。在对矢量图进行编辑时，实际描述的是图像中线段和曲线的属性。

矢量图与位图的区别在于，它不再将全部像素进行统一标记，而是利用矢量为图的几何部分进行标记。矢量图形最大的优点是无论放大、缩小或旋转等图像不会失真，而位图在放大后，图像中会产生锯齿影像，造成图像失真。矢量图最大的缺点是难以表现色彩层次丰富的逼真图像效果。

图形的数字化表示与图像类似，也是对图形进行二值化处理，同样需要采样、量化和编码这 3 个步骤来获取一系列由 0、1 构成的二进制串。

5.2.6　数据结构

在计算机中，数据有自身值和位置值。数据间存在结构关系，数据结构是计算机存储、组织数据的方式。常见的数据结构有变量、向量、矩阵。三者对比关系如图 5.18 所示。变量是指在高级程序设计语言中用来指代存储器地址的名字，不用再使用数字地址。向量可以看作一块由相同类型元素组成的数据块，例如一维表就属于向量结构。矩阵可以看作多个向量的组合，例如二维表可以看作矩阵结构。

考虑生活中的两个场景，从任一层书架上取一本书，以及在机场的饮水机旁取一个纸杯。我们来思考一下两个场景间的区别，从书架上取书这个动作具有随意性，可以取该层的任意一本书；而取纸杯的动作则受到了一些限制，只能从最上或者最下取出一个纸杯。对于受限的数据结构，这里能够联想到的是队列和栈，如图 5.19 所示。队列结构的特点是先进先出，而栈结构的特点是先进后出。

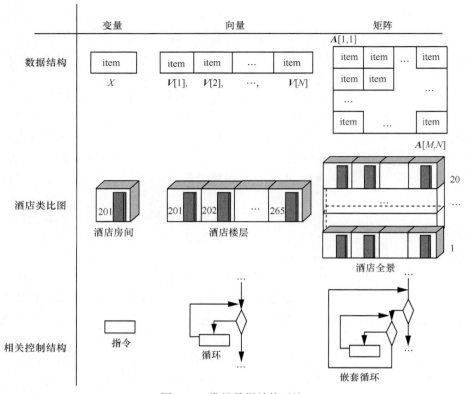

图 5.18　常见数据结构对比

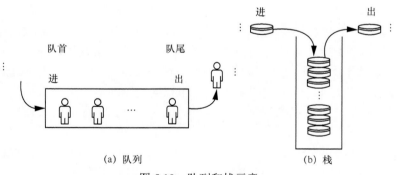

（a）队列　　　　　　　　　（b）栈

图 5.19　队列和栈示意

　　还有一些较复杂的数据关系，比如树。树形结构是指数据元素之间存在着"一对多"的树形关系的数据结构，是一类重要的非线性数据结构。根据表达式(10+(22−3×4)/(2−2×2))×((12−2)/(1+3))构造一棵表达式树，结果如图 5.20 所示。

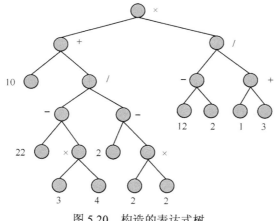

图 5.20　构造的表达式树

5.2.7　数据库系统

随着计算机软硬件的逐步发展，数据管理经历了 3 个重要的发展阶段。第一个阶段是人工管理阶段。20 世纪 50 年代中期以前，计算机上还没有磁盘等直接存取的存储设备，用于管理数据的软件也没有产生。这个时期计算机的主要功能是进行科学计算，但是数据并不保存在计算机中，而是保存在那些穿孔卡片上。1951 年，雷明顿兰德公司研发的 UNIVAC-I 计算机将磁带和穿孔卡片作为数据存储介质，引发了数据管理的革命。

第二个阶段是文件系统阶段。20 世纪 50 年代中期，计算机应用不再局限于科学研究部门，使用范围逐步扩展到企事业单位，数据处理成为计算机应用的核心部分。此时计算机上已经采用了磁盘、磁鼓等直接存取的存储设备。软件上，专门用于进行数据管理的文件系统已经产生。1961 年，美国通用电气公司巴赫曼（Bachman）等成功研发了 IDS（Integrated Data Store），这为网状数据库的发展奠定了基础。

第三个阶段是数据库系统阶段。随着 20 世纪 60 年代磁盘技术的发展，计算机可存储的数据量不断增加。为了提升数据的处理效率，20 世纪 60 年代末，数据库技术应运而生。1970 年，埃德加·弗兰克·科德（Edgar Frank Codd）发表了一篇题为"大型共享数据库的关系模型"的论文，文中首次提出了数据库的关系模型，并建议将数据独立于硬件存储，程序员使用一个非过程语言来访问数据。由于关系模型简单明了、具有坚实的数学理论基础，因此一经推出就受到了学术界和产业界的高度重视和广泛响应，并很快成为数据库市场的主流。因此科德被称为"关系数据库之父"，并因其在数据库管理系统的理论和实践方面的杰出贡献获得了 1981 年的图灵奖。

数据库技术是研究如何较科学地组织和存储数据的技术，利用该种技术可以实现数据的高效检索和快速处理。数据库技术是数据管理的最新技术，也是计算机科学的重要分支。

数据是数据库中存储的基本对象，也是描述事物的一种符号记录。数据的种类多样，像平时生活中的数字、文字、图形、图像、音频、视频、学生档案记录等这些信息都属于数据。

数据库是长期存储在计算机内、有组织、可共享的大量数据的集合。存储在数据库内的数据是按照一定的模型组织、描述和存储的。存储在数据库内的数据可供多用户、多应用共享。基于数据的可共享特性，用户不需要为不同的应用重复存储数据，这降低了数据的冗余度，同时保证了数据的一致性。

数据库管理系统（Database Management System）是一款软件，位于用户和操作系统之间，通过这个软件可以实现管理数据及数据库的功能。数据库管理系统能够实现的主要功能包括定义数据，对数据进行增、删、查、改操作，控制数据库的运行，管理数据的组织和存储方式，对数据库进行安全防护和完成数据库日常维护等。

常见的数据库管理系统包括 ORACLE、MySQL、SQL Server、PostgreSQL、ACCESS、SYBASE 等，其中前 3 种数据库长期稳居 DB Engines 排行榜的前三位。ORACLE 是甲骨文公司开发的一款关系数据库管理系统，它的特点是处理速度快、安全级别高、故障转移及故障数据恢复速度快。MySQL 是一种被中小型企业广泛使用的数据库管理系统，它的特点是源码开放、语言简洁、易学易用。SQL Server 是微软公司研发的一种关系数据库管理系统，它的特点是拥有直观、简单的图形化操作界面，提供丰富的编程接口工具，并且可以实现对 Web 技术的良好支持。

数据库系统是指一个具体的数据库管理系统软件和用它建立起来的数据库。数据库系统的构成包括数据库、数据库管理系统（及其应用开发工具）、应用程序以及数据库管理员。

如果从学科的角度来考虑，就是指研究开发、建立、维护和应用数据库系统所涉及的理论、方法、技术。此时数据库系统表示软件研究领域的一个重要分支，常称为数据库领域。

随着技术的不断发展，产生了一些数据库系统新技术。比如面向对象数据库（Object Oriented DataBase System，OODBS）、分布式数据库（Distributed Data Base System，DDBS）、NoSQL 数据库、数据仓库、数据挖掘技术等。

面向对象数据库是指运用面向对象方法构建的数据库。该类数据库由对象构成，对象之间通过相互链接来反映它们之间的关系。

2007 年，加州大学伯克利分校的埃里克·布鲁尔（Eric Brewer）教授提出了分布式领域著名的 CAP 理论，如图 5.21 所示。该理论的 3 个特性分别是一致性、可用性和分区容忍性。

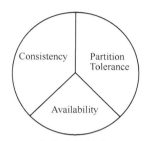

图 5.21　分布式数据库 CAP 理论

C（Consistency）表示一致性，即数据库系统在执行完某种操作后仍然处于一致的状态。比如在分布式数据库中，当用户成功执行更新操作后，所有访问数据库的用户读到的都是更新后的数值。

A（Availability）表示可用性，即每一个操作总是能够在一定的时间内返回结果，这里需要注意的是"一定时间内"和"返回结果"。一定时间内是指系统能在可容忍的范围内返回结果，这里的结果可以是成功的，也可以是失败的。

P（Partition Tolerance）表示分区容忍性，当存在网络分区或发生网络发送中断、消息丢失的情况时，系统仍然可以正常工作。

该理论的 3 个特性不能兼顾，最多只能从中选择 2 个实现，在设计分布式架构时必须要做出取舍。对于分布式数据库，P 是必须要考虑的，因此在利用 CAP 理论设计分布式数据库时，就需要在 C 和 A 之间取舍。比如谷歌公司的 Big Table 系统就是典型的满足 CP 特性的数据库，它舍弃了 A。

Web 2.0 的快速发展导致数据量迅猛增长，这为非关系型、分布式数据存储的快速发展提供了重要的发展机会。2009 年，NoSQL概念被提出，NoSQL 是 Not only SQL 的简称，它代表的是一类不同于传统关系型数据库的非关系型数据库。根据类型的不同，可以将 NoSQL 数据库划分为列存储数据库、键值存储数据库、文档型数据库和图数据库。

列存储数据库是针对传统按行存储的关系数据库而言的，它的优势在于查询时只有涉及的列才会被读取，并且在列存储数据库中任何列都可以作为索引使用。它适合处理大量的数据而不是小数据，具有高效的压缩率，可以节省空间、计算内存和 CPU 资源。目前市场占有率较广的列存储数据库有Cassandra、HBase、Accumulo、Microsoft Azure Table Storage等。

键值数据库与 hash 表有所类似，它可以通过 Key 值来添加、查询或者删除数据库内数据。使用 Key 主键访问，可以获得很高的性能及扩展性，并且该类数据库简单、易部署。主流的键值数据库有 Redis、Memcached、Hazelcast、Riak KV 等。

文档型数据是将数据按照文档进行存储，每个文档都是一系列数据项的集合。每个数据项都有一个名词与对应值，这个值可以是字符串、数字等简单数据类型，也可以是有序表、关联对象等较复杂的类型。常见的列存储数据库有 MongoDB、Amazon DynamoDB、Couchbase、CouchDB 等。

图数据库简单讲就是通过图的形式来存储数据，实体作为顶点，实体之间的关系作为边。该类数据库是存储图形关系的较好选择，有助于研究社交网络、推荐系统等情景。目前市场上的图数据库有 Neo4j、Titan、Giraph 等。

DB Engines 公布的 2019 年 7 月数据库使用排行榜如表 5.9 所示。文档数据 MongoDB 作为 NoSQL 的典型代表位于榜单第五位，列存储数据库 Cassandra 位于榜单第十位，键值数据库 Redis 位于榜单第七位。

表 5.9　DB Engines 公布的 2019 年 7 月数据库使用排行榜

排名			数据库管理系统	数据库模型
2019 年 7 月	2019 年 6 月	2018 年 7 月		
1	1	1	Oracle	Relational, Multi-Model
2	2	2	MySQL	Relational, Multi-Model
3	3	3	Microsoft SQL Server	Relational, Multi-Model
4	4	4	PostgreSQL	Relational, Multi-Model
5	5	5	MongoDB	Document
6	6	6	IBM Db2	Relational, Multi-Model
7	7	↑ 8	Elasticsearch	Search Engine, Multi-Model
8	8	↓ 7	Redis	Key-Value, Multi-Model
9	9	9	Microsoft Access	Relational
10	10	10	Cassandra	Wide Column
11	11	11	SQLite	Relational
12	↑ 13	↑ 13	Splunk	Search Engine
13	↓ 12	↑ 14	MariaDB	Relational, Multi-Model
14	14	↑ 18	Hive	Relational
15	15	↓ 12	Teradata	Relational, Multi-Model

数据挖掘是一门发展迅速，并且与数据库技术关联较紧密的学科。该学科的重点研究目标是在已有的数据集上发现模式。数据挖掘目前已被广泛应用到多个领域，如市场营销、库存管理、金融投资分析、DNA 解码等。

数据挖掘与传统数据库查询操作的区别在于，数据挖掘是通过设定以前未知的模式来挖掘信息，发现知识或模式，帮助决策者做出决策预判，而传统的数据库查询操作只是对已有数据进行检索。

5.3　操作系统

5.3.1　概念及发展史

操作系统（Operating System，OS）是管理和控制计算机硬件与软件资源的计算机程序，是直接运行在"裸机"上的最基本的系统软件，任何其他软件都必须在操作系统的支持下才能运行。操作系统属于系统软件的一种，在计算机中所处的位置如图 5.22 所示。

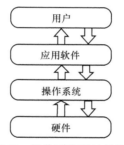

图 5.22　操作系统所处的位置

在操作系统没有产生之前，都是借助手动的方式来帮助计算机完成相应操作。工作流程如图 5.23 所示，当采用该类模式时，计算机的输入、计算处理、输出这 3 个阶段均需要借助用户手工完成。用户需要将纸带和卡片等设备放置到输入机内，输入机将处理得到的程序和数据传递给计算机，通过用户的设置使计算机开始运行相应程序，之后计算机将计算结果传输给输出机，同样需要用户从输出机内取出最终得到的结果。

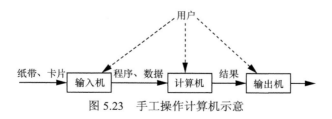

图 5.23　手工操作计算机示意

操作系统从产生至今，陆续产生了批处理系统、多道程序系统、分时系统、实时系统和通用操作系统这几大类。

批处理系统可以分为两类，联机批处理系统和脱机批处理系统。联机批处理系统的特点是每个作业的输入、输出都需要由主机的 CPU 来负责。如图 5.24 所示，在输入机和主机之间，增加磁带作为存储设备，这样计算机就可以成批地把输入机上的作业先读入磁带，然后再从磁带将信息读入主机内存并执行，最后将执行结果传送给输出机输出。当一批作业处理完后，主机上的监督程序会再次发布指令，让输入机再输入一批作业到磁带，并按上述步骤重复执行。该系统的缺点在于当执行作业的输入/输出步骤时，主机 CPU 一直处于空闲状态，造成了资源的浪费。

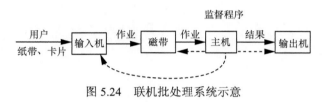

图 5.24　联机批处理系统示意

为了解决联机批处理系统中 CPU 利用率低的问题，设计产生了脱机批处理系统，即输入机和输出机脱离主机的控制。如图 5.25 所示，在系统中增加一台卫星机，让卫星机直接与输入、输出机进行交互。卫星机的作用是从输入机上读入作业并放到高速输入磁带上，从高速输出磁带上读取执行结果并传输到输出机。这样就使主机不再直接与速度较慢的输入/输出设备交互，而是与速度相对较快的高速磁带机交互，并且主机可以与卫星机并行工作，加快了作业的处理速度，提升了 CPU 的利用率。

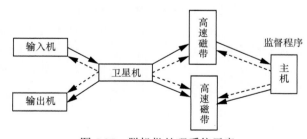

图 5.25　脱机批处理系统示意

多道程序系统是在单道程序系统的基础上不断完善得到的。两者工作方式的对比如图 5.26 所示。与单道程序系统相比，多道程序系统可以在较大程度上提高 CPU 的利用率，增加了相同时间内计算机处理的任务数量。

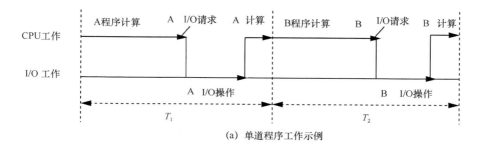

(a) 单道程序工作示例

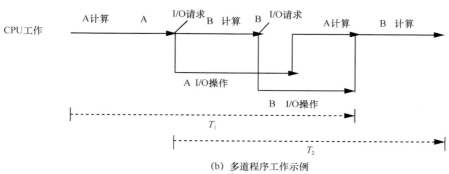

(b) 多道程序工作示例

图 5.26　单道程序和多道程序工作对比

分时操作系统是指将多个带有显示器和键盘的终端连接到同一主机上，通过多主机终端的方式实现多用户交互访问计算机，共享主机中的资源。分时系统将 CPU 的时间划分成若干个小单位，每个单位称为一个时间片。操作系统在运行时以时间片为单位，轮流为每个终端用户提供服务，如图 5.27 所示。

图 5.27　分时系统

5.3.2　通用操作系统

根据操作系统使用平台的不同，可以大致将操作系统分为 3 类，分别是 Windows 系统、Unix 系统以及 Linux 系统。

Windows 系统是由微软公司研发的操作系统。Windows 操作系统自 1985 年产生至今已经发展了 30 余年，操作系统从最开始的 Microsoft-DOS，逐渐发展到

Windows 1.0、Windows 95、Windows 98、Windows ME、Windows 2000、Windows 2003、Windows XP、Windows Vista、Windows 7、Windows 8、Windows 10 以及 Windows Server 等。

Unix 系统于 1969 年诞生在美国AT&T的贝尔实验室，主要研发人员有肯·汤普逊、丹尼斯·里奇和道格拉斯·麦克罗伊。Unix 系统分为两大阵营，System V 和 BSD。商业版本的 Unix 系统一般属于 System V 阵营，通常是不开源的，比如 IBM 的AIX 系统、惠普的 HP-UX 系统等。BSD 阵营内的 Unix 版本通常都是开源的，如 FreeBSD、OpenBSD、NetBSD 等。

提到 Unix，还有一类操作系统需要介绍一下，那就是苹果公司的 Mac 操作系统。Mac 操作系统是苹果公司为其 Mac 系列产品定制的专属操作系统，它是世界上第一个基于 FreeBSD 系统且采用面向对象操作系统的全面操作系统。

1991 年，赫尔辛基大学的学生林纳斯·托瓦兹（Linus Torvalds）研发出了一种类 Unix 操作系统。为了纪念林纳斯·托瓦兹的突出贡献，人们将他研发出的这种系统命名为 Linux 系统。Linux 系统有很多发行版，通常可以分为两类，一类由商业公司维护，另一类由社区组织维护。前一类以 RedHat 系列为代表，后一类以 Debian 系列为代表。

RedHat 系列包括 RHEL（Redhat Enterprise Linux，也就是所谓的 Redhat Advance Server 收费版本）、CentOS（RHEL 的社区克隆版本，免费版本）、FedoraCore（由原来的 Redhat 桌面版本发展而来，免费版本）。前两种系统较稳定，适合在服务器上使用，后一种稳定性较差，适用于桌面应用。这一系列的发行版在国内拥有数量巨大的用户群。

Debian 系列包括 Debian 和 Ubuntu。Debian 是迄今为止遵循 GNU 规范最好的 Linux 系统。Ubuntu 是在 Debian 的 unstable 版本上不断完善得到的，除了继承 Debian 系统的优点外，还将 Linux 的桌面系统做得近乎完美。它具有友好的界面，操作简便，因此 Ubuntu 系统也成为最适合做桌面系统的 Linux 发行版。

近些年来，我国加强了对国产操作系统的重视程度，积极鼓励和倡导国产操作系统的研发、使用和推广。北京中科红旗软件技术有限公司研发的红旗操作系统是国内较早研发出的国产操作系统。北京中科红旗软件技术有限公司成立于 2000 年，是由中国科学院软件研究所下属的全资企业北京科软创新软件技术有限公司和工业和信息化部赛迪集团下属的北京赛迪时代信息产业股份有限公司等八家股东联合成立的中外合资公司。

银河麒麟是由国防科技大学、中国软件与技术服务股份有限公司、联想集团、浪潮集团有限公司和北京民族恒星科技有限公司合作研制的开源服务器操作系统。该系统于 2001 年开始研发，经信息安全测评中心评测达到 B+级安全认证，具有较高的安全性。同时该系统可以在 Linux 平台上兼容使用，具有良好的跨平台性。银河麒麟操作系统达到 GB18030-2000 检测规范中产品标准的最高级 A+，具有强大的中文处理能力。

2010 年 12 月，中标 Linux 和银河麒麟操作系统在上海宣布合并，将国产操作系统产品更名为中标麒麟。中标公司与国内外多家软硬件公司达成合作协议，目前，中标麒麟操作系统可以兼容联想、浪潮、曙光等公司的服务器硬件产品，可以兼容达梦、人大金仓数据库、Oracle 数据库等系统软件，同时还与奇虎 360 公司合作推出了 360 安全卫士国产系统专版，在很大程度上解决了国产操作系统下图形化安全防护产品缺乏的问题。国产操作系统代表如图 5.28 所示。

图 5.28　国产操作系统代表

按照应用领域的不同，可以将操作系统细化为桌面操作系统、服务器操作系统、嵌入式操作系统 3 类。

在桌面操作系统诞生之前，操作系统一直是 DOS 的天下。随后微软公司推出的第一款桌面操作系统 Windows 1.0 极大地改善了 DOS 系统操作界面不友好的问题。桌面操作系统最大的优势在于，桌面操作系统基本上根据人在键盘和鼠标发出的命令进行工作，免去记忆操作命令的困扰，操作上更加友好。

目前微软的 Windows 系统占据了桌面操作系统的霸主地位，市场占有率极高，它是目前世界上使用最广泛的桌面操作系统。除此之外，苹果公司的 Mac 操作系统也在桌面操作系统中占有一席之地。Mac 以其出色的图形界面、良好的用户体验深受"果粉们"的喜爱。桌面操作系统阵营里还有一派必须提及，它由 Linux 及其发行版构成，其中 Ubuntu 的桌面版获得了良好的用户认可，在同类操作系统中具有较高的市场占有率，并且社区活跃度较高。

服务器操作系统是在大型计算机上安装的操作系统，常见的有 Web 服务器、应用服务器和数据库服务器等。相比个人版操作系统，在一个具体的网络中，服务器操作系统除了要实现常规操作系统的功能外，还要承担额外的管理、配置、安全等功能。

目前主流的服务器操作系统主要可以分成三大派系，Windows、Unix 以及 Linux。与桌面操作系统类似，Windows 服务器操作系统同样是由微软公司推出的系列产品，目前在市场上应用范围较广。从早期的 Windows NT，到 Windows Server 2003，再到 Windows Server 2008 和 Windows Server 2008R2，微软一直依靠其简单便捷的操作和人性化的设计，牢牢占据着服务器操作系统的头把交椅。

Unix 服务器操作系统由肯·汤普逊（Ken Thompson）、丹尼斯·里奇（Dennis Ritchie）等人于 1969 年在 AT&T 的贝尔实验室开发，主要支持大型的文件系统服务、数据服务等应用，系统具有优越的稳定性与安全性。从国内的使用情况来看，Unix 服务器主要被用于如电信、金融等传统行业，并且市场占有率较高。市面上流传的该类操作系统主要有 SCO 公司的 SVR 和 AT&T 公司的 BSD Unix、Oracle-Solaris、IBM-AIX 等。

Linux服务器操作系统的开放源代码政策，使基于其平台的开发与使用不需要支付任何版权费用，因此被很多数据中心采用，随后逐步成为众多操作系统厂商创业的基石，并且成为目前国内外许多保密机构采购服务器操作系统时的首选。

嵌入式操作系统（Embedded Operating System）是一种使用较广泛的系统软件，主要负责分配嵌入式系统的全部软硬件资源，实现任务调度，控制、协调并发活动。嵌入式操作系统主要包括嵌入式 Linux、Windows Embedded、VxWorks 等，以及广泛应用于智能手机、平板电脑等电子产品上的操作系统，比如Android、iOS、Symbian 等。

Android 是一种基于Linux的开放源代码的操作系统，主要用在移动设备上，如智能手机和平板电脑，由谷歌公司和开放手机联盟领导及开发。

2005 年，谷歌公司收购了成立仅 22 个月的 Android 公司，由原 Android 公司的 CEO 安迪鲁宾继续负责 Android 项目研发。2007 年 11 月，谷歌公司正式对外推出了 Android 操作系统，同时宣布成立一个全球性的联盟组织，该组织将对谷歌发布的手机操作系统及应用软件提供支持，成员包括 34 家手机制造商、软件开发商、电信运营商以及芯片制造商。2008 年 10 月，全球第一部搭载 Android 系统的智能手机成功发布。随后的几年里，各领域对 Android 系统的认可度不断提升，应用市场逐步扩展到电子产品、汽车、家电等领域，如电视、数码相机、游戏机、车载导航等。2011 年第一季度，Android 在全球的市场份额首次超过Symbian 系统，跃居全球第一。Android 系统也从一个不起眼的小机器人变成了如今市场份额最高的操作系统。

另一款目前市场占有率比较高的操作系统非 iOS 莫属。iOS 与苹果的 Mac OS X 操作系统一样，都是在 Unix 基础上开发的商业操作系统。iOS 是苹果公司在 2007 年 Macworld 大会上推出的基于移动端的操作系统。该系统最初是为苹果旗下的 iPhone 手机设计的，后来陆续被用到了苹果公司的其他移动产品上，例如 iPod touch、iPad 以及 Apple TV 等。因此这个操作系统的名字也从 iPhone OS 改成了 iOS。

5.3.3　操作系统的功能及组成

操纵系统是管理和控制计算机软硬件资源的程序，是计算机硬件与其他软件的接口，同时也是用户和计算机的接口。操作系统的主要功能包括进程管理、内存管理、文件系统、网络通信、安全机制、用户界面、驱动程序。

进程是正在运行的程序实体，并且包括这个运行的程序中占据的所有系统资源，比如说 CPU（寄存器）、I/O、内存、网络资源等。例如，一个打开的 Word 文件或者 QQ 程序等都属于进程，在任务管理器里关闭相应进程即可停止相应操作，实现资源的释放。

内存管理是指软件运行时对计算机内存资源的分配和使用管理。内存管理主要负责两方面的内容，首先为用户作业提供内存空间，然后保护已占内存空间的作业不被破坏。

操作系统对信息资源的管理属于文件系统的范畴。文件管理支持文件的存取、检索、修改以及保护。

操作系统能够实现网络功能，通过网络可以实现资源共享。比如计算机联网后计算机之间可以相互传送数据。

操作系统的安全机制使系统可以有选择地进行访问控制，对数据进行加密传送，同时具备审计能力。例如，可以利用日志分析计算机是否被非法入侵过，可以使用监控功能检测和发现可能违反系统安全的活动。

用户界面是操作系统为用户提供的一种操作环境。操作系统提供了良好的操作界面供用户使用，通过该界面可以让系统和用户之间实现信息交互。

驱动是直接运行在硬件上的软件。通过在计算机内安装驱动程序来保证硬件设备的正常工作。显卡、声卡、网卡等设备一定要安装驱动后才能正常运行，若一台计算机上没有安装显卡驱动，那么操作系统显示的图像效果较差、分辨率较低。

5.4 计算机网络与因特网

5.4.1 数据通信与计算机网络

计算机网络是指将地理位置不同、具有独立功能的多台计算机及其外部设备，通过通信线路连接起来，在网络操作系统、网络管理软件及网络通信协议的管理和协调下，实现资源共享和信息传递的计算机系统。

通常可以将计算机网络划分为 4 类，个人区域网络（Personal Area Network，PAN）、局域网（Local Area Network，LAN）、城域网（Metropolitan Area Network，MAN）、广域网（Wide Area Network，WAN）。个人区域网络的核心思想是利用

红外、无线等技术代替有线电缆，组建个人化的信息网络，它也属于局域网的一种。局域网是连接近距离计算机的网络。例如办公室或实验室的网络、同一建筑物内的网络及校园网络等。城域网的覆盖范围大约是一个城市的规模。广域网能覆盖一个国家或横跨大洲，形成国际性的远程网络。

为了保障网络的可靠运行而制定的管理网络活动的规则称为网络协议。网络协议包含 3 个重要因素，即语义、语法以及时序。语义规定了通信双方彼此"讲什么"，即确定协议元素的类型，例如规定通信双方要发出什么控制信息、执行的动作和返回的应答。语法规定了通信双方彼此"如何讲"，即确定协议元素的格式，例如数据和控制信息的格式。时序则规定了信息交流的次序。三要素是规则约定的不同方面，缺一不可。

有时候需要通过现有的网络设备来形成一个扩展的通信系统，实现网络互连。常见的网络设备有中继器、网桥、交换机、路由器等。

中继器是最简单的网络设备，用于连接完全相同的两类网络设备，工作在 OSI 七层模型中的物理层。它的作用是延长网络传输距离，实现信号在两个原始总线间简单地传递，不需要考虑所传信号的意义。

网桥与中继器类似，但是相对复杂，工作在 OSI 七层模型中的数据链路层。它也需要连接两条总线，但是并不是所有报文都需要在线路上传输。网桥会检查每条在线路上传输的报文的目的地址，只有当目的地址是另外一边计算机的地址时，数据才会被允许传输。

交换机与网桥的本质相似，也需要检查报文的目的地址，根据匹配的目的地址进行转发，区别在于它可以连接不止两条总线。它工作在 OSI 七层模型中的数据链路层，是根据 MAC 地址进行数据转发的设备。

路由器是连接因特网中各局域网、广域网的设备。它可以将不同网络或网段之间的数据信息进行"翻译"，以便让双方能够"读懂"彼此的数据，从而形成一个更大的网络，并且可以保留每个网络内部的特性。它工作在 OSI 七层模型中的网络层，可以根据 IP 地址转发数据分组。

5.4.2　因特网

因特网（Internet）起源于 20 世纪 60 年代，它最初的设置目的就是连接若干个计算机网络，使它们作为一个整体发挥作用。目前因特网被用于连接世界范围内的局域网、城域网及广域网。

我国是从 1987 年开始逐渐接触和使用 Internet 的，同年 9 月 20 日钱天白教授发出了我国第一封电子邮件"越过长城，通向世界"，拉开了中国人使用 Internet 的序幕。1990 年 11 月，钱天白教授代表中国，正式在 DDN-NIC（国际互联网信息中心的前身）注册登记了我国的顶级域名 CN。

因特网连接了全世界范围内的计算机，通过配置计算机的 IP（Internet Protocol）地址来唯一标识某一个计算机。点分十进制法是比较常用的 IP 地址表示法，该方法使用 32 位二进制表示 IP 地址。每个字节中间通过圆点间隔，字节采用十进制数表示法。例如 192.168.103.188 就是采用点分十进制法表示的 IP 地址。

点分十进制法虽然清晰，但是不便于人们记忆，为此我们可以使用另一种方法，通过记助名称标识计算机。一些专有机构通过注册域来获取在因特网中具有唯一标识的域名，域名是对注册域的机构的描述。比如百度公司的域名是 baidu.com。有些域名的后缀可以体现域的分类，比如 edu 表示教育系统，gov 表示政府机关，com 表示工商企业，org 表示非盈利组织。

因特网的主要服务功能包括电子邮件服务、文件传输协议（File Transfer Protocol，FTP）服务、万维网服务、远程登录、电子商务服务等。

收发电子邮件是因特网的主要功能之一，通过电子邮件使网络用户之间实现快速、便捷、可靠的通信，可以收发文字、图片、语音等信息。为了实现电子邮件服务，每个域都会在本地机构内选定一台计算机作为邮件服务器。

文件传输协议是一种可以在因特网上实现文件传输功能的协议。使用文件传输协议传输文件时，需要找一台计算机作为 FTP 服务器，其他计算机作为客户机尝试与服务器建立连接，一旦连接建立，文件就可以在服务器和客户机之间传输。文件传输协议可以传输多种文件类型，例如文本文件、图像文件、语音文件、数据压缩文件等。

目前因特网上涵盖了各种各样的多媒体信息，这些信息能够在因特网上传播归功于万维网服务。万维网是基于超文本方式实现的，借助超文本技术可以将信息资源连接成网，方便用户在因特网上搜寻所需资料。我们通常将万维网上的超文本文档称为网页，将关联密切的一组网页称为网站。

1990 年，英国计算机科学家蒂姆·伯纳斯·李（Tim Berners-Lee）发明了因特网，并于同年 12 月开发出了第一个实现万维网的软件。2017 年，鉴于蒂姆·伯纳斯·李在"发明万维网、第一个浏览器和使万维网得以扩展的基本协议和算法"上的突出贡献，其获得了 2016 年度的图灵奖。

远程登录是在因特网出现早期实现的一项应用。它通过远程登录协议（Telnet）允许用户在很远的地方访问计算机。远程登录用户与本地用户具有相同的权限级别。由于出现在因特网早期，因此远程登录没有把通信内容加密考虑在内，用户口令就直接包含在通信内容里被传送。出于对安全问题的考虑，SSH 逐渐代替远程登录方式。SSH 在传输过程中提供了对数据加密以及验证的功能。

因特网开放的网络环境催生了一种新的商务模式——电子商务，它允许买卖双方在任何可连接网络的地方进行商务活动，通过因特网这种通信媒介，允许商家在网络上建立企业形象，实现宣传产品和提供服务的目的，同时完成资金交易，实现企业增益。

5.4.3 网络应用

网络程序开发包含两种计算模式，客户端/服务器（Client/Server，C/S）模式和浏览器/服务器（Browser/Server，B/S）模式。

C/S 模式是目前大部分应用软件采用的模式。应用该种模式的程序包含客户端和服务器端两部分。每个使用此类应用程序的用户都会在本地安装一个客户端，由使用该机器的用户独有。服务器端则由多个用户共同使用，为用户提供共享信息。C/S 模式的工作流程如图 5.29 所示。客户端向服务器端发送请求，服务器端接收并且处理客户端发送的请求，然后将处理后的结果返回给客户端。

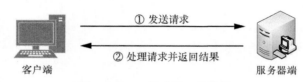

图 5.29 C/S 模式的工作流程

一般在专用网络上采用 C/S 模式的较多，使用用户群相对较固定，并且对信息安全的保护意识较强，例如国内大部分财务管理软件（用友、金蝶等）采用的就是这种模式。日常生活中使用较广泛的 QQ 程序也是采用的 C/S 模式，如图 5.30 所示。用户 A、B 需要提前在客户机上安装 QQ 客户端程序，当用户 A 想要发信息给用户 B 时，用户 A 的客户端程序会首先发送请求到服务器端，服务器端处理请求后，再将信息发送给用户 B。同样，好友在阅读完信息回信时也是先向服务器端程序发送请求，服务器处理请求后将回信发送给用户 B。

图 5.30 C/S 模式举例

C/S 模式可以充分利用两端硬件环境的优势，把较复杂的计算和管理任务交由服务器端处理，把需要经常与用户交互的任务交由客户端处理。客户端不只负责输入、输出任务，还会分担一些计算、数据存储等方面的任务，这样就充分利用了客户端所在计算机的处理能力，实现了任务的合理分配，在一定程度上降低了系统的通信开销。但是该模式的维护和升级较复杂，只要该台计算机打算作为客户端，那么它就需要安装客户端程序，而且一旦软件系统需要升级，就要一台一台地更新升级程序。

B/S 模式是随着 Internet 的发展，特别是 Web 的发展，在原有 C/S 模式的基础上逐渐演变出的一种网络结构模式。相比 C/S 模式而言，B/S 模式最大的优势在于不需要在任何地方安装任何专用的客户端，只要用户使用的计算机安装了浏览器，并且能够上网就够了。B/S 模式借助 Web 技术实现了之前通过复杂专用软件才能实现的功能。系统维护较简单，只需要对服务器进行定期管理，客户端则借助浏览器实现，基本不需要维护。

B/S 采用的是三层架构模式，包括客户端（浏览器）、Web 服务器和数据库服务器，工作原理如图 5.31 所示。B/S 模式不需要用户安装客户端，只要计算机上有浏览器就可以，客户端只负责输入、输出和极少的事务处理，不需要像 C/S 模式那样分担服务器的一部分任务，因此该种模式下的客户端常被称作瘦客户端。

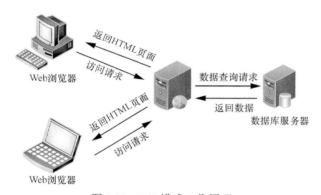

图 5.31 B/S 模式工作原理

Web 服务器在这里起到桥梁的作用。当用户访问数据库信息时，他会通过浏览器向 Web 服务器发送请求，Web 服务器在收到请求后向数据库服务器发送访问数据库的请求。

数据库服务器负责存储数据资源，当数据库服务器收到 Web 服务器请求后，会处理数据查询语句，并将查询结果返回给 Web 服务器，Web 服务器将收到的数据结果转换成 HTML 文本形式发送给浏览器，也就是我们打开浏览器时看到的界面。

B/S 模式在我们生活中的使用较广泛，通常一些对信息不是很敏感的系统可以采用该种模式。比如办公用的 OA 系统、教务管理系统、企业网站、电子商务平台等。前面列举了基于 C/S 模式的 QQ 软件的例子，腾讯公司还有另外一种 QQ 产品 Web QQ，这种 QQ 就属于 B/S 模式，因为用户不再需要安装客户端，只要在浏览器上操作就可以实现好友间的信息传送。

B/S 的优势在于它能对广大用户实现信息共享，页面能实现同步更新，所有用户都能看到。该种模式适合应用于广域网，所有用户随时都可以通过浏览器进行访问。基于该种模式的软件重用性较强，维护较便捷，大大节约了软件成本。这种模式的缺陷在于，所有对数据库的连接请求都需要经过 Web 服务器，且 Web 服务器需要同时处理客户请求以及数据库的连接请求，当访问量大时，服务器端负载过重，响应速度变慢。

5.5　信息安全

5.5.1　信息安全概念与目标

随着计算机的广泛使用，特别是因特网产生之后，网络在给人们生活带来便利的同时，也给人们造成了不小的困扰，信息安全问题尤其突出。它虽然引起了全球范围内极大的关注，但是关于它的定义还没有一个统一的标准。

国际标准化组织（ISO）认为信息安全是为数据处理系统建立和采取的技术和管理的安全保护。保护计算机硬件、软件和数据不因偶然的或恶意的原因而受到破坏、更改、泄露。

美国国家安全电信和信息系统安全委员会（NSTISSC）认为信息安全是对信息系统以及使用、存储和传输信息的硬件的保护，是所采取的相关政策、认识、培训和教育以及技术等必要手段。美国军方则将信息安全问题抽象为一个由信息系统、信息内容、信息系统的所有者和运营者、信息安全规则等多因素构成的多维问题空间。

欧盟对信息安全的定义是在既定的密级条件下，网络与信息系统抵御意外事件或恶意行为的能力。这些事件和行为将威胁所存储或传输的数据以及经由这些网络和系统所提供的服务的可用性、真实性、完整性和机密性。

沈昌祥院士则认为，信息安全就是要保护信息和信息系统不被未经授权的访问、使用、泄露、修改和破坏，为信息和信息系统提供保密性、完整性、可用性、可控性和不可否认性。

信息安全具有如下几个特性。

① 相对性。绝对的安全是不存在的，信息安全只是相对的。

② 时效性。新的漏洞与攻击方法不断发现。

③ 配置相关性。日常维护中对同一台计算机设置不同的配置可能会引发新的

问题，安全评测只能证明在特定环境与特定配置下计算机的安全性。系统中增加新的组件同样也有可能引入新的问题。

④ 攻击的不确定性。攻击事件的属性具有不确定性，比如发起攻击的时间、地点、攻击者以及被攻击者等，因此对于攻击事件无法做到事先防范。

⑤ 复杂性。信息安全是多领域融合的产物，涉及计算机技术、安全管理、教育、国际合作与互不侵犯协定以及应急恢复等方面的内容，是一项复杂的系统工程。

安全的目标通常用 ISO 13335 标准的 CIA 三元组来表示，即保密性（Confidentiality）、完整性（Integrity）和可用性（Availability）。ISO 13335-1 中提出了 6 个关于计算机技术的安全目标，分别是保密性、完整性、可用性、负责性（Accountability）、确实性（Authenticity）、可靠性（Reliability）。

保密性是指确保信息在存储、使用、传输过程中不会泄露给非授权用户或实体。

完整性是指确保信息在存储、使用、传输过程中不会被非授权用户篡改或删除。

可用性是指确保授权用户或实体对信息及资源的正常使用不会被异常拒绝，允许其可靠而及时地访问信息及资源。

负责性是指确保一个实体的访问动作可以被唯一地区别、跟踪和记录。

确实性是指确认和识别一个主体或资源就是其声称的，被认证的可以是用户、进程、系统和信息等。

可靠性是指要保证预期的行为和结构相一致。

5.5.2　安全需求

随着安全攻击和防御技术越来越复杂，安全威胁越来越多，有效地、动态地及时处理安全问题，是我们面临的一个巨大挑战。各行各业都对信息/网络安全提出了需求。

政府机关作为国家的职能部门，其信息系统安全直接影响到整个国家的安全。随着社会的发展，政务的网络化、公开化是发展的必然趋势，因此不可避免地要面临信息安全问题，尤其是外网可以访问的官方网站，可能会遭受各种恶意攻击，主要包括入侵、拒绝服务攻击等。入侵是影响计算机安全性的一个重要因素，在联网状态下通过入侵方式可以在计算机中扩散和运行恶意软件。常见的入侵方式包括病毒、蠕虫、特洛伊木马和间谍软件等。针对这一问题，需要通过部署相应设备（如防火墙、入侵检测系统、防拒绝服务攻击等）来实现安全防护。

医疗卫生机构也同样面临信息安全的困扰。比如 2017 年 5 月爆发的 WannaCry 病毒，据英国广播公司的报道，英国国家医疗服务体系（National Health Service，NHS）受到了大规模的网络攻击，导致至少 40 家医疗机构内网被黑客攻陷，被攻击的医疗机构的计算机全部被勒索软件锁定。既定的手术被迫取消，救护车也被迫转入其他医院，严重影响了病人接受治疗的时机。

这一勒索事件给全球医疗机构敲响了警钟，医疗信息安全俨然成为一个必须要面对的挑战。无论是电子邮件诈骗，还是黑客恶意袭击，不仅会给医疗机构造成严重的财产和名誉损失，还有可能导致用户的身份和医疗信息被窃取，影响病人的财产和生命安全。因此，越来越多的网络安全类公司开始重视医疗信息安全的市场，纷纷推出各种医疗数据安全解决方案。2017年9月，亚信安全与零氪科技有限公司达成战略合作，双方将在医疗行业混合云安全、数据隐私保护、态势感知平台等方面开展深入合作，共同推出"中国医疗信息安全流程解决方案"，以帮助医疗机构保护医疗业务与数据的安全性。

随着网络的逐渐普及，在人们对网络产生高度依赖的同时，各种恶意程序、钓鱼网站的数量也与日俱增。个人信息泄露事件频发，2013年，"棱镜门"事件的曝出让很多人开始担心个人的信息安全问题，信息安全快速获得了全球的广泛关注，个人信息安全一时间被推到了风口浪尖。2017年6月1日起，我国施行《中华人民共和国网络安全法》。

5.5.3 信息安全事件分类

在介绍信息安全事件分类情况前先来介绍两个基本概念。首先，信息系统是指由计算机及其相关和配套的设备、设施（含网络）构成的，按照一定的应用目标和规则对信息进行采集、加工、存储、传输、检索等处理的人机系统。其次，信息安全事件是指由于自然、人为、软硬件本身缺陷或故障的原因，对信息系统构成危害或者对社会造成负面影响的事件。

信息安全事件可以是由故意、过失或者非人为原因引起的。综合考虑信息安全事件的起因、表现、结果等，并对信息安全事件进行划分，共划分为有害程序事件、网络攻击事件、信息破坏事件、信息内容安全事件、设备设施故障、灾害性事件和其他信息安全事件这七大类。

1. 有害程序事件

有害程序事件是指蓄意制造/传播有害程序、因受到有害程序的影响而导致的信息安全事件。有害程序通常是指一段插入信息系统中的程序，该程序可能会对系统中的数据、应用程序造成有害影响，或者影响操作系统的保密性、完整性及可用性。该类事件又可以细分为如下7个小类别。

① 计算机病毒事件：指蓄意制造、传播计算机病毒，或者是由于计算机病毒影响而导致的信息安全事件。

《中华人民共和国计算机信息系统安全保护条例》中计算机病毒被定义为编制

或者在计算机程序中插入的破坏计算机功能或者毁坏数据，影响计算机使用，并能自我复制的一组计算机指令或者程序代码。计算机病毒具有传播性、隐蔽性、感染性、潜伏性、可激发性、破坏性等特征。

② 蠕虫事件：指蓄意制造、传播蠕虫，或者是因为受到蠕虫影响而导致的信息安全事件。

蠕虫是指除计算机病毒以外，利用信息系统缺陷，通过网络或电子邮件自动复制并传播的有害程序。蠕虫名字的由来是在 DOS 环境下，病毒发作时会在屏幕上出现一条类似虫子的东西，吞吃屏幕上的字母并将其改形，因此将该种病毒命名为蠕虫病毒。

根据蠕虫病毒程序，可以将其工作流程大致分为漏洞扫描、攻击、感染、传播、现场处理等阶段。首先，蠕虫程序随机或者根据某种倾向性策略选取某一段 IP 地址，由蠕虫的扫描功能探测是否有存在漏洞的主机，当程序向某个主机发送探测漏洞信息并收到成功的反馈信息则表示找到一个可攻击对象。接着，通过相应操作获取被攻击方主机的操作权限，将蠕虫主体迁移到目标主机，也可以在被感染计算机中留下后门方便以后发动分布式拒绝服务攻击。通过攻击主机与被攻击主机间的交互将蠕虫程序复制到被攻击主机，蠕虫程序生成多个副本，重复上述流程。蠕虫病毒的工作流程如图 5.32 所示。

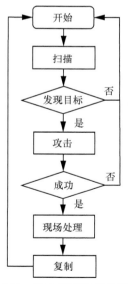

图 5.32　蠕虫病毒的工作流程

最早的蠕虫病毒由美国的莫里斯于 1988 年发布，当时该病毒只是在美国军方局域网内活动。1998 年年底出现的 Happy 99 蠕虫病毒是第一次在 Internet 上进行大规模传播的蠕虫病毒。它跟随邮件被一起发出，一旦被执行就会在屏幕上不断闪现出绚丽的礼花。

2001 年 7 月 13 日爆发的红色代码病毒传播迅速，造成大范围的访问速度下降甚至阻断。该病毒首先攻击计算机网络的服务器，使遭到攻击的服务器按照病毒的指令向政府网站发送大量数据，最终导致网站瘫痪，给全球带来 26 亿美元损失。

冲击波病毒是利用微软公司于 2003 年 7 月公布的RPC 漏洞进行传播的，于当年 8 月爆发，破坏力巨大，短短两天时间使国内数千个局域网络处于瘫痪状态。病毒运行时会不停地利用 IP 扫描技术寻找网络上操作系统为 Windows 2000 或 Windows XP 的计算机，找到后判断机器上是否有RPC 缓冲区漏洞，若有就利用该漏洞攻击系统，攻击成功后病毒体将会被传输到被攻击计算机中使其感染，使系统产生操作异常、不停重启甚至崩溃等现象。

2006 年年底到 2007 年年初，一款名为"熊猫烧香"的病毒不断入侵个人电脑、感染门户网站、破坏数据库系统。该病毒波及范围巨大，影响了上百万台计算机的正常使用。熊猫烧香是一款具有自动传播、自动感染硬盘、强大破坏力的病毒，它不仅能感染系统中exe、com、pif、src、html、asp等文件，还能终止大量的反病毒软件进程并且会删除扩展名为gho的文件。

震网（Stuxnet）病毒，又称作超级工厂，是一种首次发现于 2010 年的蠕虫病毒。它运行在 Windows 平台上，是已知的第一个以关键工业基础设施为目标的蠕虫，攻击的目标是工业上使用的可编程逻辑控制器（PLC）。震网病毒通过 U 盘传播，只会感染 Windows 操作系统，然后在计算机内搜索西门子公司的 PLC 控制软件。如果没有找到这种 PLC 控制软件，震网病毒就会潜伏下来；如果发现了 PLC 控制软件，就会进一步感染 PLC 软件。之后震网病毒会周期性地修改 PLC 工作频率，造成 PLC 控制的离心机的旋转速度突然升高和降低，导致高速旋转的离心机发生异常震动和应力畸变，最终破坏离心机。震网病毒的目标是伊朗的核工厂，2009 年 11 月到 2010 年 1 月，震网病毒摧毁了伊朗核工厂的 1 000 多台离心机。震网病毒感染过程如图 5.33 所示。

2017 年 5 月 12 日爆发的 WannaCry 病毒是一种蠕虫式勒索病毒，虽然程序只有 3.3 MB，但是却产生了巨大的冲击效应，病毒肆虐给全球计算机用户造成了巨大的损失，至少 150 个国家、30 万名用户中招，造成损失达 80 亿美元，已经影响到金融、能源、医疗等众多行业。病毒也传播到我国，影响我国部分 Windows 操作系统的使用者，尤其是校园网的使用用户，其实验数据、毕业论文被加密锁定，使工作及学业都受到一定程度的影响。WannaCry 病毒也被看作继熊猫烧香病毒后最具影响力的病毒之一。

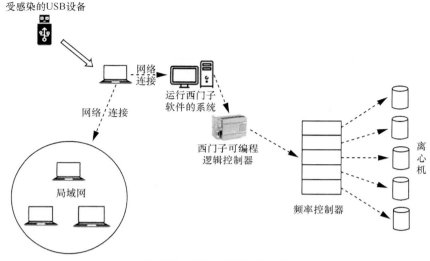

图 5.33　震网病毒感染过程

当计算机被感染后，攻击者会将敲诈病毒植入被控计算机中，用户计算机上的大部分文件，如图片、文档、音频、视频、可执行程序等会被加密，并且文件统一变为.WNCRY 格式。当被攻击者的计算机被黑客锁定后，会弹出勒索窗口，提示用户支付价值相当于 300 美元的比特币才可解锁系统。用户计算机一旦被勒索软件渗透，目前只能通过重装操作系统的方式来解除勒索行为，但用户的重要数据文件不能被直接恢复。

WannaCry 利用美国国家安全局（National Security Agency，NSA）泄露的永恒之蓝（EternalBlue）进行系统攻击（永恒之蓝是美国国家安全局针对微软操作系统的 MS17-010 漏洞开发的网络工具），能够在数小时内感染一个系统内的全部计算机。当用户计算机被感染后，会从资源文件夹下释放一个压缩包，此压缩包会在内存中通过密码 WNcry@2ol7 解密并释放文件。这些文件包含后续弹出勒索框的 exe 文件、桌面背景图片的 bmp 文件、各种文字的勒索内容，还有辅助攻击的两个 exe 文件。这些文件会释放到本地目录，并设置为隐藏。

③ 特洛伊木马事件：指蓄意制造、传播特洛伊木马程序，或者是因受到特洛伊木马程序影响而导致的信息安全事件。

特洛伊木马程序是指伪装在信息系统中的一种有害程序，具有控制该信息系统或进行信息窃取等对该信息系统有害的功能。特洛伊木马一词最初源于希腊传说，希腊联军围困特洛伊却久攻不下，于是假装撤退，留下一具庞大的中空木马，特洛伊守军把木马当作战利品运回了城中。夜深人静之际，躲藏在木马腹中的希腊士兵跳出木马，打开城门，让希腊联军进入，特洛伊沦陷。因此后人常用特洛伊木马这个典故来比喻在敌方营垒里埋下伏兵里应外合的活动。现在提到特洛伊木马通常是指进行非法目的的病毒，该病毒可以伪装成一个实用工具、一个游戏、一个位图文件，甚至系统文件等，诱使用户将其打开。特洛伊木马也可简称为木马。

一个完整的特洛伊木马包含两个部分，服务端和客户端。将服务端植入受控方计算机，在攻击方运行客户端程序。运行木马程序的服务端后，会产生一个名称容易迷惑用户的进程，暗中打开端口，向指定地点发送数据，比如网络游戏的账户和密码、实时通信软件密码和用户密码等信息，攻击方还可以利用这些打开的端口进入受控方计算机系统里。

灰鸽子是一款远程控制软件，后期被黑客利用成为木马病毒，自 2001 年产生之日起就引起了安全领域的高度关注。自 2004 年起连续三年被国内各大杀毒厂商评选为年度十大病毒。计算机感染该病毒后，攻击者可以很容易地捕获远程计算机屏幕，监控被控计算机上的摄像头，窃取用户的账号、密码、照片等数据。灰鸽子操作界面如图 5.34 所示。

图 5.34 灰鸽子操作界面

2010 年 3 月 15 日，金山安全实验室捕获一种新型的电脑病毒，名为鬼影病毒。它是国内首个磁盘主引导区（MBR）病毒，由于该病毒成功运行后，在进程中和系统启动加载项里看不到任何异常，并且即使用户给计算机重装系统也无法将其彻底清除。此类病毒在感染主引导区之前需要安装驱动，因此可以利用安全软件来拦截非可信驱动。鬼影病毒检测提示界面如图 5.35 所示。

图 5.35　鬼影病毒检测提示界面

④ 僵尸网络事件：指利用僵尸工具软件形成僵尸网络而导致的信息安全事件。

僵尸网络是指攻击者采用单一或多种攻击手段，使多个被攻击者感染僵尸程序（包含病毒、木马、蠕虫等多种形式），并通过一对多的命令与控制信道，控制大量主机所构成的网络。

通常攻击会利用系统漏洞、发送钓鱼邮件等方式确定被攻击对象，然后将僵尸程序植入被攻击对象，随着被攻击对象的不断增加，形成的僵尸网络也不断扩大。用户通常是被动地加入僵尸网络，不知道自己已经感染僵尸程序。被控制主机被称作僵尸机，或者肉鸡。

僵尸网络的起源可以追溯到 1993 年在互联网中继聊天（Internet Relay Chat，IRC）中出现的 Bot 工具 Eggdrop。该工具的设计之初是为了方便网络管理员管理聊天网络，可以自动地执行管理权限、记录频道事件等功能。但是后期遭黑客利用，以实现控制主机资源的恶意目的。僵尸网络工作过程如图 5.36 所示。

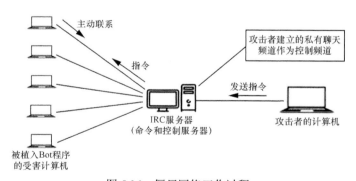

图 5.36　僵尸网络工作过程

1999 年 6 月，全球第一个具有僵尸网络特性的恶意代码 PrettyPark 出现在因特网上，它使用 IRC 协议构建命令与控制信道。2002 年，SDbot 和 Agobot 源码被发布且广泛流传，使僵尸网络快速地成为因特网的严重安全威胁。

凭借大量网络资源，僵尸网络在攻击者的控制下，对网络安全构成了巨大的威胁。产生的危害主要体现在发动分布式拒绝服务攻击、发送垃圾邮件、窃取用户隐私、进行点击欺诈、为恶意网站提供 Fast-flux 保护等方面。

根据国家互联网应急中心发布的 2018 年我国互联网网络安全态势综述数据显示，2018 年我国已成功关闭 772 个控制规模较大的僵尸网络，成功切断了黑客对境内约 390 万台感染主机的控制。

⑤ 混合攻击程序事件：指蓄意制造、传播混合攻击程序，或者是因为受到混合攻击程序影响而导致的信息安全事件。

混合攻击程序是指利用多种方法传播和感染其他系统的有害程序，可能兼有计算机病毒、蠕虫、木马或僵尸网络等多种特征。混合攻击程序事件也可以是一系列有害程序综合作用的结果，比如，一个计算机病毒或者蠕虫在入侵系统后安装木马程序等。

⑥ 网页内嵌恶意代码事件：指蓄意制造、传播网页内嵌恶意代码，或者是因为受到网页内嵌恶意代码影响而导致的信息安全事件。

网页内嵌恶意代码是指内嵌在网页中，未经允许由浏览器执行，影响信息系统正常运行的有害程序。它主要利用软件或系统操作平台等安全漏洞，通过将 JavaScript 脚本语言程序、ActiveX 等嵌入在网页超文本标记语言内，在执行时强制修改用户操作系统的注册表配置等信息，甚至还进行非法控制被攻击计算机的系统资源、盗取用户文件、恶意删除硬盘中的文件、格式化硬盘等恶意操作。

目前，恶意网页已成为攻击者针对 Web 客户端进行攻击的主要途径和平台。微软公司发布的 2018 年网络安全报告中指出，在 2018 年 Microsoft 威胁分析师基于数据发现，网络钓鱼仍然是攻击者首选的攻击方法。

随着网络钓鱼攻击技术的不断发展，现在大多是通过在真实的网站中嵌入恶意代码来进行钓鱼攻击。攻击方式大致可以分为两种，一种是利用脚本程序将被攻击者指引到攻击者精心设计的钓鱼网站，收集用户信息；另一种是在网页中嵌入木马程序，当用户中了木马后利用其键盘记录功能收集用户的输入信息，实现窃取用户的账号、密码等重要信息的目的。

比如，有些攻击者会在电商网站的付款页面和支付模块添加恶意代码，通过此种方式收集用户的支付信息。用户很难觉察到自己的信息被窃取，由于没有影响正常的支付流程，因此网站的站长也不易察觉到此类攻击。还有些攻击者会直接更改电商网站付款页面的代码，然后将用户指引到攻击者构建的钓鱼网站的支付页面上进行付款操作，造成用户和电商网站的双重损失。

⑦ 其他内嵌恶意代码事件：指不能包含在以上 6 个小类中的有害程序。

2．网络攻击事件

网络攻击事件是指通过网络或其他技术手段，利用信息系统的配置缺陷、协议缺陷、程序缺陷或使用暴力攻击对信息系统实施攻击，并造成信息系统异常或者对信息系统当前运行造成潜在危害的信息安全事件。网络攻击事件又可以细分为如下 7 个小类。

① 拒绝服务攻击事件：指利用信息系统缺陷或者通过暴力攻击的手段，以大量消耗信息系统的 CPU、内存、磁盘空间或网络带宽等资源，从而影响信息系统正常运行为目的的信息安全事件。分布式拒绝服务攻击是指利用网络上两个或两个以上的被攻击的计算机作为僵尸机向特定目标发动拒绝服务式攻击的攻击形式。

根据攻击方式的不同，可以将拒绝服务攻击分为两类。第一类是带宽消耗型攻击，即攻击者占用、消耗被攻击主机的网络接入带宽，常见的攻击有 UDP 洪水攻击、ICMP 洪水攻击、ping of death 等。第二类是资源消耗型攻击，即攻击者占用被攻击主机的系统资源，如存储资源、计算资源等，常见的攻击有 SYN 洪水攻击、CC 攻击等。

1988 年 11 月爆发的 Morris 蠕虫事件是历史上比较著名的拒绝服务攻击事件。此次事件影响了 5 个计算机中心和 12 个地区节点，使连接着政府、大学、研究所和存储政府合同的 25 台计算机受影响，全球众多连在因特网上的计算机在数小时内无法正常工作，造成的直接经济损失达 9 600 万美元。

随着 Morris 蠕虫病毒的爆发，分布式拒绝服务攻击开始进入人们的视野。Morris 蠕虫病毒是第一种被称为"分布式拒绝服务"的网络攻击，它可以控制包括计算机、网络摄像头和其他智能小工具在内的大量互联网连接设备向一个特定地址发送大量流量，通过超载使系统关闭或使其网络连接被完全阻止。

Morris 蠕虫的研制者罗伯特·塔潘·莫里斯（Robert Tappan Morris）最初只是想确定互联网的范围，看看互联网究竟连接了多少台设备，于是他编写了一个可以在计算机间传播的程序，并要求每台计算机要将信息传送回控制器，实现计数。但后期程序运行的状况使莫里斯无法控制，短短 12 小时，有超过 6 200 台采用 Unix 操作系统的 SUN 工作站和 VAX 小型机处于瘫痪或半瘫痪状态，其中包括美国国家航空航天局、美国知名大学以及未被披露的美国军事基地，不可估量的数据和资料毁于这一夜之间，而造成如此巨大影响的 Morris 蠕虫病毒的源代码只有 99 行。

2006 年 9 月 12 日，百度网站遭受有史以来最大规模的不明身份黑客攻击，导致百度搜索服务在全国各地出现了将近半小时的故障，攻击者采用的就是 SYN Flooding 分布式拒绝服务攻击。

2016 年 10 月，由三名美国在校大学生开发的 Mirai 软件使用数千个被劫持的网络摄像头发起的 DDoS 攻击使美国东西部大面积断网，导致 Twitter、亚马逊、华尔街日报等数百个重要网站无法访问，美国主要公共服务、社交平台、民众网络服务瘫痪，甚至差点影响了美国大选。三人利用 Mirai 僵尸网络发起攻击，针对法国托管提供商 OVH 的 DDoS 攻击的流量峰值高达 1.1 Tbit/s，针对托管 DNS

提供商 Dyn 的 DDoS 攻击使约 26%的互联网站点陷入瘫痪。

为应对此类网络攻击事件，在 Morris 蠕虫病毒数周之后，卡内基梅隆大学建立了世界上第一个网络应急响应小组。1990 年，国际网络安全合作组织 FIRST（Forum of Incident Response and Security Teams）正式成立。它是由信息安全和应急小组构成的全球性组织，其中包括政府、商业组织和学术部门的产品安全团队。

② 后门攻击事件：指利用软件系统、硬件系统设计过程中留下的后门或者有害程序设置的后门而对信息系统实施攻击的信息安全事件。后门程序就是留在计算机系统中，让攻击者通过某种特殊方式秘密进入系统并控制计算机系统的途径。

Back Orifice（BO）是黑客组织 Cult of the dead cow 宣称开发的一种系统管理软件，可以让运行 Windows 的计算机被远程操控。BO 设计的目的是为了展示微软 Windows 98 系统的一些深层安全问题，因此它利用一些手段将自身隐藏起来。BO 软件的后门程序非常隐蔽，当软件被恶意使用时，"系统管理员"就可以更简便地完成管理工作，此种情况下，攻击者是"系统管理员"，而所谓管理，就是执行包括阅读文档、获得密码、删除文件，甚至格式化硬盘等操作。

WordPress 是使用PHP语言开发的博客平台，用户可以利用其架设属于自己的网站，也可以把它当作一个内容管理系统来使用。然而它的安全性问题也一直受到建站人的关注，一些盗版的商业插件中隐藏着漏洞，当用户使用这些插件时就会被自动植入后门，用户很难发现，甚至有些专家级的用户也很难发现。

一般情况下，开源软件较少被植入后门，但也并不绝对，比如被广泛使用的开源 FTP 服务器 ProFTPD 于 2010 年就被黑客植入了后门。黑客入侵了 ProFTPD 的代码托管服务器，植入后门程序使攻击者通过发送"Help ACIDBITCHEZ"就可以获取 root shell 的访问权限。

③ 漏洞攻击事件：指除拒绝服务攻击事件和后门攻击事件之外，利用信息系统配置缺陷、协议缺陷、程序缺陷等漏洞，对信息系统实施攻击的信息安全事件。

国家信息安全漏洞库（CNNVD）将信息安全漏洞划分为如图 5.37 所示的类型，包括配置错误、代码问题、资源管理错误、数字错误、信息泄露、竞争条件、输入验证、缓冲区错误等。

配置错误类漏洞并不是在软件开发过程中造成的，不存在于软件的代码之中，而是由于软件使用过程中的不合理配置造成的。代码问题类漏洞指代码开发过程中产生的漏洞，包括软件执行过程中对系统资源（如内存、磁盘空间、文件等）的错误管理。

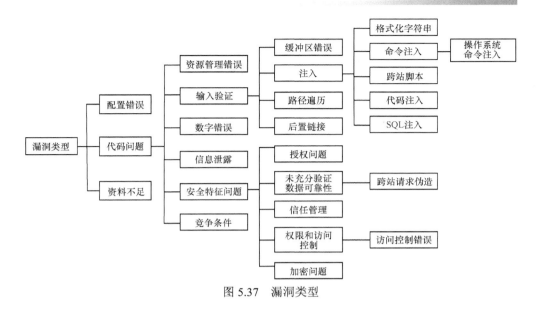

图 5.37　漏洞类型

2018 年 1 月，Intel 被曝出部分处理器存在底层设计漏洞 Spectre 和 Meltdown，漏洞图标如图 5.38 所示。漏洞主要存在于 Intel x86-64 硬件中，有研究人员估计 1995 年以后建造的每台机器均包含此漏洞。Spectre 漏洞破坏了应用程序之间的隔离，攻击者可以通过软件来读取其他软件在内存中的数据。Meltdown 漏洞破坏了应用程序和操作系统之间的隔离，缺少了这层隔离机制，攻击者可以通过恶意软件直接读取存储在计算机内存中的内容，包括网页浏览记录、保存在本地的照片、密码等数据都可能被攻击者轻易地盗取。随后，AMD、ARM 等公司也接连被曝出处理器存在安全漏洞，Windows、Linux 和 Mac OS 无一幸免，均受到漏洞的威胁，全球的个人电脑、服务器、智能手机等设备均受这一漏洞的影响。

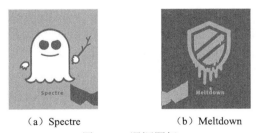

（a）Spectre　　　　（b）Meltdown

图 5.38　漏洞图标

2018 年 4 月，一个名为"JHT"的黑客组织利用思科的远程代码执行漏洞（CVE-2018-0171）攻击了俄罗斯和伊朗两国的网络基础设施，影响了两国的互联网服务提供商、数据中心以及某些网站的正常运行。该漏洞可以让攻击者绕开用户验证，直接向思科设备的 TCP 4786 端口发送特意数据分组触发漏洞，使设备远程执行系统命令或出现拒绝服务状态。

2018 年 5 月，360 公司伏尔甘团队发现了区块链平台 EOS 的一系列高危安全漏洞。经验证部分漏洞可以在 EOS 节点上远程执行任意代码，即可以通过远程攻击，直接控制和接管 EOS 上运行的所有节点。攻击者通过构造恶意代码智能合约来触发安全漏洞，随后将恶意合约打包进新的区块，从而导致网络中所有节点被远程控制。

④ 网络扫描窃听事件：指利用网络扫描或者窃听软件，获取信息系统网络配置、端口、服务、存在的脆弱性等特征而导致的信息安全事件。

2013 年 6 月，斯诺登将美国国家安全局"棱镜计划（PRISM）"监听项目的秘密文档披露给了英国《卫报》和美国《华盛顿邮报》，指认美国情报机构多年来在国内外持续监视互联网活动以及通信运营商用户信息。"棱镜门"事件引起国际社会的高度关注。该项目可以直接进入美国网络公司的中心服务器挖掘数据、收集情报。受到监控的信息主要包括电子邮件、即时消息、视频、照片、存储数据、语音聊天、文件传输、视频会议、登录时间和社交网络资料等数据。

⑤ 网络钓鱼事件：指利用欺骗性的计算机网络技术，使用户泄露重要信息而导致的信息安全事件。

网络欺骗手法日渐高明，网络钓鱼手法也是层出不穷。比较常见的网络钓鱼方式有通过发送电子邮件、短信等虚假信息引诱用户中圈套。网络犯罪分子以随机的方式向用户发送大量垃圾邮件或短信，邮件及短信大多包含中奖、顾问、对账等内容，引诱用户点击链接或者下载附件，输入各类账号及密码信息，继而盗窃用户财产。

还有通过建立虚假网站窃取用户账号信息的方式。网络犯罪分子通常依照官方网站搭建虚假的网上银行、网上证券平台页面，让用户难以分辨，引诱用户输入账号及密码信息，然后犯罪分子再利用窃取到的用户信息到官方的网上银行、网上证券平台进行转账或取消等操作窃取用户钱财。还有些攻击者利用合法网站服务器程序上的漏洞，在网站网页中植入恶意代码，在用户输入数据时窃取用户信息。

2004 年 7 月，诈骗分子利用了小写字母 l 和数字 1 很相近的障眼法，仿照真实网站 lenovo.com 建立了域名为 1enovo.com 的山寨网站，并通过 QQ 散布"某某集团和某某公司联合赠送 QQ 币"的虚假消息，引诱用户访问该山寨网站。用户一旦访问该网站，就会弹出一个显示"免费赠送 QQ 币"的虚假消息窗口，同时恶意网站的主页面会在后台通过多种 IE 漏洞下载病毒程序 lenovo.exe，并在 2 s后自动转回到真实网站的主页，使用户在毫无察觉中就感染了病毒，致使用户的游戏账号、密码及游戏装备等被窃取。

⑥ 干扰事件：指通过技术手段对网络进行干扰，或对广播电视有线或无线传输网络进行插播，对卫星广播电视信号非法攻击等导致的信息安全事件。

⑦ 其他网络攻击事件：不包含在上述 6 个子类中的其他网络攻击事件。

3. 信息破坏事件

信息破坏事件是指通过网络或者其他技术手段，造成信息系统中因信息被篡改、假冒、泄露、窃取等而导致的信息安全事件。信息破坏事件又可细分为 6 个小类。

① 信息篡改事件：指未经授权将信息系统中的信息更换为攻击者所提供的信息而导致的信息安全事件。

② 信息假冒事件：指通过假冒他人信息系统收发信息而导致的信息安全事件。

③ 信息泄露事件：指因误操作、软硬件缺陷或电磁泄漏等因素导致信息系统中的保密、敏感、个人隐私等信息暴露于未经授权者而导致的信息安全事件。

近年来信息泄露事件频发，信息泄露事件已经成为常见的信息安全事件，严重影响着人们的日常生活。

④ 信息窃取事件：指未经授权，利用可能的技术手段恶意主动获取信息系统中信息而导致的信息安全事件。

2016 年 9 月，雅虎公司宣布 2013 年 8 月黑客窃取了至少 5 亿条用户信息，同年 12 月又表示被盗用户数量约为 10 亿条。随后在 2017 年，雅虎公司宣布其 30 亿条用户信息均被窃取。被窃取的用户信息包括用户名、邮箱地址、电话号码、生日以及部分用户加密或者未加密的问题和答案。

Equifax 是美国最大的个人信用评级机构之一，拥有约 8 亿消费者和全球 8 800 万企业的信息。2017 年 5 月，Equifax 宣布其信息遭到了黑客窃取，使 1.455 亿美国 Equifax 消费者的个人数据被泄露，包括姓名、身份证号、出生日期、驾驶证号码等信息。

2018 年 11 月 30 日，万豪国际酒店集团约 5 亿条用户信息疑遭到黑客攻击并被窃取，黑客称自 2014 年一直能够访问万豪酒店集团喜达屋部门的客户预订数据库。此次信息窃取事件涉及的用户信息包括姓名、邮寄地址、电话号码、电子邮件地址、护照号码、出生日期、性别、到达与离开信息、预订日期等内容。

⑤ 信息丢失事件：指因误操作、人为蓄意或软硬件缺陷等因素使信息系统中的信息丢失而导致的信息安全事件。

⑥ 其他信息破坏事件：不包含在上述 5 个子类中的其他网络攻击事件。

4. 信息内容安全事件

信息内容安全事件是指利用信息网络发布、传播危害国家安全、社会稳定和公共利益内容的安全事件。根据内容的不同又可以将此类事件细分为 4 个子类。

第一类是违反宪法和法律、行政法规的信息安全事件。第二类是针对社会事项进行讨论、评论形成网上敏感的舆论热点，出现一定规模炒作的信息安全事件。第三类是组织串连、煽动集会游行的信息安全事件。第四类是除上述 3 类之外的其他信息内容安全事件。

5．设备设施故障

设备设施故障是指由于信息系统自身故障或外围保障设施故障而导致的信息安全事件，以及人为地使用非技术手段有意或无意地造成信息系统破坏而导致的信息安全事件。设备设施故障包括软硬件自身故障、外围保障设施故障、人为破坏事故和其他设备设施故障 4 个子类。

① 软硬件自身故障：指因信息系统中硬件设备的自然故障、软硬件设计缺陷或者软硬件运行环境发生变化等而导致的信息安全事件。

② 外围保障设施故障：指由于保障信息系统正常运行所必需的外部设施出现故障而导致的信息安全事件。例如，电力故障、外围网络故障等导致的信息安全事件。

③ 人为破坏事故：指人为蓄意地对保障信息系统正常运行的硬件、软件等实施窃取、破坏造成的信息安全事件，或由于人为的遗失、误操作以及其他无意行为造成信息系统硬件、软件等遭到破坏，影响信息系统正常运行的信息安全事件。

④ 其他设备设施故障：不包含在上述 3 个子类中的其他设备设施故障。

6.灾害性事件

灾害性事件是指由于不可抗力对信息系统造成物理破坏而导致的信息安全事件。灾害性事件包括水灾、台风、地震、雷击、坍塌、火灾、恐怖袭击、战争等导致的信息安全事件。

7．其他信息安全事件

其他信息安全事件指不包含在上述六大类事件中的其他事件。

5.5.4　信息安全事件分级

根据信息安全事件重要级别的不同，将信息安全事件依次划分为特别重大事件、重大事件、较大事件和一般事件。

1．特别重大事件

特别重大事件为 I 级事件，是指能够导致特别严重影响或破坏的信息安全事件，会使特别重要信息系统遭受特别严重的系统损失，或者产生特别重大的社会影响。

2．重大事件

重大事件为 II 级事件，是指能够导致严重影响或破坏的信息安全事件，会使特别重要信息系统遭受严重的系统损失，或使重要信息系统遭受特别严重的系统损失，或者产生重大的社会影响。

3．较大事件

较大事件为Ⅲ级事件，是指能够导致较严重影响或破坏的信息安全事件，会使特别重要信息系统遭受较大的系统损失或使重要信息系统遭受严重的系统损失、一般信息信息系统遭受特别严重的系统损失，或者产生较大的社会影响。

4．一般事件

一般事件为Ⅳ级事件，是指不满足以上条件的信息安全事件，会使特别重要信息系统遭受较小的系统损失或使重要信息系统遭受较大的系统损失、一般信息系统遭受严重或严重以下级别的系统损失，或者产生一般的社会影响。

5.5.5　信息安全方法

信息安全与我们的生活息息相关。实现信息安全的主要方法是做好防范，较常规的一种方法是利用防火墙软件来控制。防火墙是由 Check Point 公司（全球首屈一指的 Internet 安全解决方案供应商）的创立者吉尔·舍伍德（Gil Shwed）于 1993 年发明，并引入国际互联网领域的。防火墙是设置在不同的网络或安全域之间的一系列部件的组合。防火墙可以监测、限制、更改跨越防火墙的数据流，比如它可以阻止向某些特定目的地址发送消息的行为，也可以阻止接收已知有问题的来源所发送的信息。从网络角度来看，防火墙可以看作一种隔离器，通过它可以隔离内部和外部网络。

进行信息/网络安全防护的第二种方法就是采用代理服务器。所谓代理服务器，简单来说就是由它替用户获取网络信息，相当于网络信息的中转站。出于对安全的考虑，可以为 FTP、HTTP、远程登录等服务建立代理服务器，这样客户机在尝试连接服务器时实际连接的就是代理服务器，然后代理服务器再将报文转发给实际服务器，这样使实际服务器没有办法确认向它发来报文的到底是代理服务器还是客户机。因此使用代理服务器就可以隐藏如 IP 信息等地址信息，这样就可以防止由于 IP 暴露而被黑客攻击的问题。

防病毒软件也是日常生活中较常用的一种处理安全问题的方法，通过这种方式可以防御利用网络连接进行的入侵。防病毒软件可以探测和删除被已知病毒或其他方式感染的文件或恶意程序。由于病毒、蠕虫、木马等这些程序总是不断出现，比如 2017 年 5 月爆发了 WannaCry 病毒，时隔两个月又爆发了新的Petya 病毒，因此需要防病毒软件供发商不断更新其病毒库，而且用户也要定期更新病毒库。由于从病毒爆发到软件供应商生成应对措施需要一定的时间，因此也不能把网络防护完全寄托在防病毒软件上。

恶意行为大致可以分为两类，一类行为的目的是想导致系统瘫痪，例如拒绝服务攻击，另一类行为的目的是获取信息访问权。对于第二类行为，就可以使用加密技术进行安全防护，通过加密技术可以实现内容的重新编码转发，保证了信息的机密性。加密算法有很多，也可以根据实际需要自己编写加密算法。比较著名的加密算法有 MIT 计算机科学实验室和 RSA Data Security Inc 发明的 MD5 算法、IBM 公司为非机密数据的正式数据加密设计的 DES 算法等。

5.5.6　信息安全法规

随着网络技术的发展，各种网络问题接踵而来。网络入侵、网络攻击等非法活动威胁信息安全，非法获取公民信息、侵犯知识产权、损害公民合法权益，宣传恐怖主义、极端主义，严重危害国家和社会公共利益。

《中华人民共和国网络安全法》（以下简称《网络安全法》）是为了保障网络安全，维护网络空间主权和国家安全、社会公共利益，保护公民、法人和其他组织的合法权益，促进经济社会信息化健康发展制定的，自 2017 年 6 月 1 日起施行。《网络安全法》是我国第一部全面规范网络空间安全管理方面问题的基础性法律，是我国网络空间法治建设的重要里程碑，是落实党中央决策部署的重要举措，是维护网络安全、国家安全的迫切需要，是打击网络违法犯罪、维护广大人民群众利益的迫切需要。

《网络安全法》第二章至第五章分别从网络安全支持与促进、网络运行安全、网络信息安全、监测预警与应急处置 4 个方面，对网络安全有关事项进行了规定，勾勒了我国网络安全工作的轮廓：以关键信息基础设施保护为重心，强调落实运营者责任，注重保护个人权益，加强动态感知快速反应，以技术、产业、人才为保障，立体化地推进网络安全工作。

《网络安全法》主要从以下几个方面进行了规定和约束。

1．确立网络空间主权原则制度

《网络安全法》提出了网络空间主权概念，丰富了我国享有的主权范围，其将网络空间主权视为我国国家主权在网络空间中的自然延伸和表现。将网络空间的概念上升为国家主权，更有利于保障我国合法网络权益不受他国或国外组织的侵害。一切在我国网络空间领域内非法入侵、窃取、破坏计算机及其他服务设备或提供相关技术的行为，都将被视作侵害我国国家主权的行为。

2．建立网络安全等级保护制度

《网络安全法》确立了网络安全等级保护制度，并将网络安全分为 5 个等级，随着级别的增高，国家信息安全监管部门介入的强度越大，以此对信息系统安全保护起到监督和检查的作用。

3．加强个人信息保护

《网络安全法》要求网络运营者应当对其收集的用户信息严格保密，并建立健全用户信息保护制度。网络运营者收集、使用个人信息，应当遵循合法、正当、必要的原则，公开收集、使用规则，明示收集、使用信息的目的、方式和范围，并经被收集者同意。网络运营者不得收集与其提供的服务无关的个人信息，不得违反法律、行政法规的规定和双方的约定收集、使用个人信息，并应当依照法律、行政法规的规定和与用户的约定，处理其保存的个人信息。网络运营者应当采取技术措施和其他必要措施，确保其收集的个人信息安全，防止信息泄露、毁损、丢失。在发生或者可能发生个人信息泄露、毁损、丢失的情况时，应当立即采取补救措施，按照规定及时告知用户并向有关主管部门报告。

《网络安全法》中规定，个人信息，是指以电子或者其他方式记录的能够单独或者与其他信息结合识别自然人个人身份的各种信息，包括但不限于自然人的姓名、出生日期、身份证件号码、个人生物识别信息、住址、电话号码等。

4．控制个人信息流通

针对目前个人信息非法买卖、非法分享的社会乱象，《网络安全法》规定网络运营者不得泄露、篡改、毁损其收集的个人信息；未经被收集者同意，不得向他人提供个人信息。既杜绝了个人信息数据被非法滥用，又不影响网络经营者及管理者由于自身企业发展需要所面临的大数据分析问题。

5．明确网络实名制

《网络安全法》规定网络运营者为用户办理网络接入、域名注册服务，办理固定电话、移动电话等入网手续，或者为用户提供信息发布、即时通讯等服务，在与用户签订协议或者确认提供服务时，应当要求用户提供真实身份信息。用户不提供真实身份信息的，网络运营者不得为其提供相关服务。

6．保护关键基础信息设施

《网络安全法》对提高我国关键信息基础设施安全可控水平提出了相关法律要求，并配套相继出台了《网络产品和服务安全审查办法（试行）》，明确了关系国家安全的网络和信息系统采购的重要网络产品和服务，对网络产品和服务的安全性、可控性应当经过网络安全审查。涉及国家安全、军事领域等产品及服务的采购，若可能影响国家安全，应当经过国家安全审查。

7．安全认证检测制度

《网络安全法》规定网络产品、服务应当符合相关国家标准的强制性要求。网络产品、服务的提供者不得设置恶意程序；发现其网络产品、服务存在安全缺陷、漏洞等风险时，应当立即采取补救措施，按照规定及时告知用户并向有关主管部门报告。网络关键设备和网络安全专用产品应当按照相关国家标准的强制性要求，由具备资格的机构安全认证合格或者安全检测符合要求后，方可销售或者提供。

除了《网络安全法》外，我国在网络安全法制建设过程中还颁布过涉及通信保密安全、计算机安全、网络信息系统安全、网络空间安全等方面的法律法规，如《中华人民共和国保守国家秘密法》《中华人民共和国计算机信息系统安全保护条例》《计算机病毒防治管理办法》《互联网信息服务管理办法》等。

5.6 软件工程

软件开发是一个工程化的过程，因此软件工程是一门研究用工程化方法构建和维护有效的、实用的和高质量的软件的学科。这门学科主要关注的是讨论开发大型、复杂软件系统过程中可能遇到的问题，比如花费增加、交付推迟、与用户需求不符等问题。通过发现并解决软件开发过程中出现的问题，指导软件的完整研发流程，最终生产出高效、可靠的软件产品。

5.6.1 软件危机

20 世纪 60 年代以前，计算机刚刚进入人们生活，此时软件的作用只是为了实现特定的应用，并且规模比较小，几乎不需要留存文档资料。到了 60 年代中期，随着计算机硬件的不断进步，机器的运行速度、容量等都有了很大的提升，而且生产成本大大降低，这使计算机的使用范围极速扩大。后期随着高级语言的出现及推广，软件系统的规模需求逐步增大，原来的个人设计、个人使用的方式不再能满足要求，迫切需要改变软件生产方式，提高软件生产率，软件危机（Software Crisis）开始爆发。1968 年，软件危机一词首次出现在北大西洋公约组织（NATO）在联邦德国举行的国际学术会议上。

软件危机主要表现在以下 4 个方面。

1. 对软件开发成本和进度的估计不准确

由于缺乏定量的度量技术，无法明确软件的完成时间及复杂度等属性，因此拖延工期几个月甚至几年的现象并不罕见，这种现象降低了软件开发组织的信誉。投资一再追加，令人难以置信，实际成本往往比预算成本高出一个数量级。比如美国银行信托软件系统开发案就是一个很著名的软件危机。1982 年，美国银行筹划发展信托软件系统，预算 2 000 万美元，计划开发周期 9 个月，预计 1984 年 12 月 31 日前完成。由于规划失误，到 1987 年 3 月该项目都没有完成，并且投入已达到 6 000 万美元。

2. 用户不满意已完成的软件功能

研发人员与用户之间的矛盾通常是软件开发人员不能真正了解用户的需求，

而用户又不了解计算机求解问题的模式和能力，双方无法用共同熟悉的语言进行交流和描述。在这种情况下完成的系统设计与程序编写势必导致最终产品不符合用户的实际需要。

3．开发的软件可靠性较差

软件是逻辑产品，它与物理产品的区别在于很难用统一的标准来度量质量问题，因而造成质量控制困难。软件产品也会存在错误，只是盲目检测很难发现，而隐藏下来的错误往往是造成重大事故的隐患。

接着上面美国银行的例子，美国银行考虑到信托软件系统不稳定、可靠性较差等因素最终放弃了该系统，将 340 亿美元的信托账户转移出去，并且失去了 6 亿美元的信托生意商机。可见，软件的可靠性对企业发展有重要影响。

4．软件的可维护性较差

软件产品实际上是开发人员逻辑思路的代码化实现，而为了使系统能够不断适应环境变化，需要定期在原有系统之上增加新的功能，若没有留存文档资料，他人很难接替原始开发人员继续完成项目的开发工作。

文档资料是软件开发过程中的重要组成部分。软件的相关文档资料是总体设计者给予研发团队的任务书，是系统维护人员的技术指导手册，是用户的使用说明书。缺乏必要的文档资料或者文档资料不合格，将给软件开发和维护带来许多严重的问题。

5.6.2　软件生命周期

为了解决全球范围内的软件危机问题，1968 年和 1969 年连续召开了两次著名的 NATO 会议，并同时提出软件工程的概念。在软件工程学科中，软件生命周期（System Development Life Cycle，SDLC）是最基础的概念。

软件生命周期是指从软件产生到软件报废或停止使用的这段时间。根据时间顺序将整个软件开发过程进行分解，划分为 6 个相对独立的阶段，在完成每个阶段任务的过程中需撰写一套完整的文档材料。这 6 个阶段分别是问题的定义及规划、需求分析、软件设计、程序编码、软件测试与运行维护，如图 5.39 所示。

问题的定义及规划阶段主要是确定软件的开发目标并进行可行性分析。

需求分析阶段是在确定软件开发可行后，对软件需要实现的各个功能进行详细分析。

软件设计阶段是根据需求分析的结果设计整个软件系统，包括系统框架设计、数据库设计等。该阶段又可以细分为两个子部分，总体设计和详细设计。

程序编码阶段是通过编写程序代码来实现软件的设计效果。在编码过程中，要制定统一标准，遵循编码规范，使程序达到易读、易维护性、高效等特性。

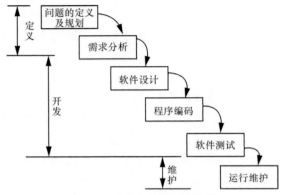

图 5.39　软件生命周期模型

　　软件测试阶段是指在软件基本功能实现后，通过严密的测试来发现软件中存在的问题并加以纠正。测试过程分为单元测试、组装测试以及系统测试 3 个部分。常用的测试方法包括白盒测试和黑盒测试两种。

　　运行维护阶段是软件生命周期中持续时间最长的阶段。在完成软件开发后，由于诸多原因会导致软件与用户需求不匹配的情况发生，为了延长软件的使用周期，就需要对软件进行更新维护，以最大程度满足用户的需求。

5.6.3　软件工程方法

　　软件工程方法可以划分为重量级方法和轻量级方法。重量级方法表现出的是一种"防御"特性，由于项目总负责人几乎很少参与软件的研发，为了把握好软件的研发进度，他要求开发人员随时随地记录软件开发文档。比较著名的重量级方法包括统一软件开发过程（RUP）、ISO 9000 以及能力成熟度模型。而轻量级方法表现出的是一种"进攻"特性，轻量级方法没有要求撰写大量正式文档。著名的轻量级开发方法包括极限编程（XP）和敏捷过程（Agile Process）。常见的软件工程方法如图 5.40 所示。

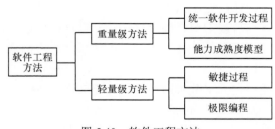

图 5.40　软件工程方法

统一软件开发过程是在软件领域被广泛使用的一种方法，它重新定义了软件生命周期中开发阶段的每一个步骤，并对这些步骤提供操作指导。RUP 使用二维结构来表达框架，其中横轴表示制定软件开发过程的时间，展示了软件开发过程的生命周期安排，包含周期、阶段、迭代和里程碑等属性。而纵轴表示软件开发过程中的核心过程工作流，在 RUP 中包含 4 种重要的模型元素，分别是角色、活动、产物以及工作流，由这 4 种元素组合来完成相应过程的描述，形成一套框架。

使用统一软件开发过程开发软件系统时，软件的生命周期分为 4 个阶段：起始阶段、细化阶段、构造阶段以及交付阶段。每个阶段都以一个主要的里程碑作为结束标志，当执行完某一阶段后需要对该阶段进行评估，当得到较好的评估结果后再进入项目的下一个阶段。

1987 年，美国卡内基梅隆大学软件研究所从软件过程能力的角度出发，提出了软件过程成熟度模型（CMM），随后在全世界推广实施，该种软件评估标准可用于评价软件承包能力并帮助其改善软件质量。能力成熟度模型是对软件组织在定义、实施、度量、控制和改善其软件过程的实践中各个发展阶段的描述。

CMM 将软件开发视为一个过程，对软件开发和维护进行过程监控和研究，帮助改善软件的质量。改善是个逐步递进的过程，因此在能力成熟度模型中设置了 5 个不同的成熟度级别，分别是初始级、可重复级、已定义级、管理级与优化级，如图 5.41 所示。

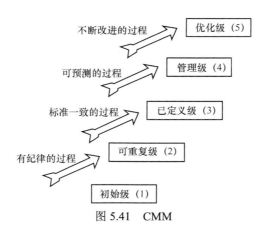

图 5.41　CMM

敏捷软件开发，可简称为敏捷开发，从 1990 年开始逐步在软件领域推广并受到广泛关注，是一种新型的软件开发方法，该方法侧重于培养在软件开发过程中应对快速变化的能力。

2001 年，许多软件研发团队陷入了队伍规模不断增长的困境，为了解决这一广泛性问题，17 位软件工程相关领域专家经过讨论后建立了敏捷开发联盟，他们想借助该联盟，通过亲身实践或帮助他人实践来揭示更好的软件开发方法。

与传统软件开发方法相比，敏捷开发具有如下 4 个特点。

1．个体和交互胜过过程和工具

敏捷开发方法认为人是获得成功的最重要因素，评价一个开发团队是否优秀，不仅要看开发人员的编程能力，还要看成员的沟通、合作能力，后者才是重中之重。构建团队要比构建环境重要得多。

2．可以工作的软件胜过面面俱到的文档

软件开发过程中不记录文档是万万不可取的，但是记录的文档过多也未必是件好事。该方法认为，从团队的角度出发，编写并维护一份系统原理以及结构相关的文档就可以满足需求。

3．客户合作胜过合同谈判

一个成功的软件项目需要不断与用户进行交流反馈，用户和开发团队应不只限于合同的合作关系，应该让用户加入开发团队中，时常沟通，参与日常讨论，根据实际需要不断完善优化软件。

4．响应变化胜过遵循计划

对于一个项目而言，响应变化的能力至关重要。要适应用户需求的不断变化，设计也要不断跟进，所以设计不能是"闭门造车"，要不断根据环境的变化，更新设计方案及计划，指导开发的方向。

阿佩罗（Appelo）在《管理 3.0：培养和提升敏捷领导力》一书中配了一幅插图，用一个长着六只眼睛的怪物来代表运用敏捷开发的人应当具有 6 种思维模式，如图 5.42 所示，这 6 种模式分别是调和约束（Align Constraints）、发展能力（Develop Competence）、结构成长（Grow Structure）、全面改善（Improve Everything）、有效激励（Energize People）以及赋能团队（Empower Teams）。

图 5.42　敏捷方法的 6 种思维模式

　　敏捷软件开发包含很多方法，如极限编程、迭代式增量软件开发（SCRUM）、特性驱动开发（PDD）等。极限编程是肯特·贝克（Kent Beck）于 1996 年提出的。它是一个轻量级、灵巧，同时又严谨周密的软件开发方法。采用近螺旋式的开发方法，将一个复杂的开发过程分解为一个个相对比较简单的小周期，通过积极的交流、反馈以及其他一系列的方法，使开发人员和用户能够清楚了解当前开发进度、变化、待解决的问题和潜在的困难等，并根据实际情况及时做出相应调整。极限编程注重用户的反馈，该方法很明确地将用户纳入研发团队，让用户参与日常开发与小组会议讨论，并且让用户参与功能需求的编写。

　　极限编程将软件的开发过程定义为聆听、测试、编码、设计这 4 个过程的迭代过程，确立了从聆听到测试、编码，再到设计的软件开发的管理思路。极限编程过程模型如图 5.43 所示。

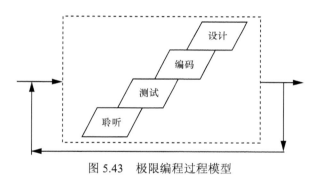

图 5.43　极限编程过程模型

5.6.4　经典著作

　　弗雷德里克·布鲁克斯（Frederick Phillips Brooks）曾主持并领导了在计算机发展史上具有重要地位的 IBM 360 机的研发工作，后被人们誉为 "IBM 360 系统之父"。布鲁克斯在该项目的研发过程中积累了丰富的经验，他将自己的经验教训进行整理并记录，形成了软件工程领域的经典著作《人月神话》（*The Mythical Man-Month*）。由于他在计算机领域内的贡献，1985 年，他与鲍勃·埃文斯（Bob Evans）和艾略克·布洛考（Erich Bloch）成为首届美国国家技术奖的获得者，1999 年，他获得了计算机领域的诺贝尔奖——图灵奖。

　　《人月神话》这本书从诞生至今，已经畅销了 40 余年，布鲁克斯博士为人们管理复杂项目提供了最具洞察力的见解，书中就进度滞后、缺乏沟通、文档资料等软件开发过程中遇到的实际问题进行了阐述，既有很多发人深省的观点，又有大量软件工程的实践经验。

5.7 并行计算与分布式计算

5.7.1 并行计算

在介绍并行计算之前，我们先来看一个小故事。有一个酷爱数学的年轻国王向邻国一位聪明美丽的公主求婚，公主出了这样一道题：求出 4 877 042 843 337 717 的一个真因子。若国王能在一天之内求出答案，公主便接受他的求婚。

国王给出的方案是逐个数地进行计算，他从早到晚共算了 3 万多个数，最终还是没有结果。而宰相给出的方案则是按自然数的顺序给全国老百姓每人编一个号发下去，并将公主给出的数目通报全国，让每个老百姓用自己的编号去除这个数，如果除尽了就立即上报，赏黄金万两。

很显然，国王的方案使用的是串行算法，时间复杂度高，可行性较差。而宰相的方案则是采用了并行算法，空间复杂度高，在一定条件下是可行的。通过分析上面的小故事，我们可以知道，在一定条件下，并行算法可以解决一些串行算法不能解决的问题。

再举一个生活中常见的例子来帮助理解并行和串行的区别。比如去食堂买饭，假如今天食堂设备维修，只开放了一个窗口，那么所有同学只能在这一个窗口排队，依次打饭，这就可以看作一个串行计算的过程。假设第二天食堂设备维修完毕，食堂有多个窗口开放，每个窗口前都有学生排队打饭，此种场景就可以看作一个并行计算的过程。串行计算原理如图 5.44 所示，并行计算原理如图 5.45 所示。

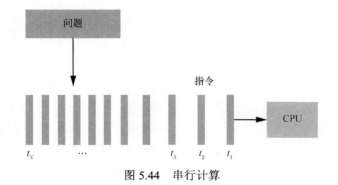

图 5.44 串行计算

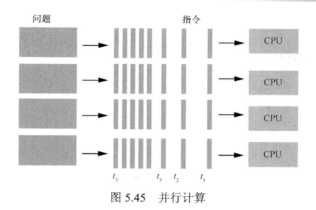

图 5.45　并行计算

串行计算可以看作将解决问题的程序编译和解释成一串独立的指令集，指令只能一条接一条地执行。并行计算，简单来讲就是同时使用多种计算资源解决问题的过程，是提高计算机系统计算速度和处理能力的一种有效手段。它的基本思路是利用多个处理器来协同求解一个问题，即将被求解的问题分解成若干个部分，各部分均由一个独立的处理器来并行处理。

5.7.2　分布式计算

在介绍分布式计算之前，我们先来了解一下集中式系统与分布式系统。集中式系统就是把所有的程序、功能都放置在一台计算机上，数据的存储与控制处理全部由主机完成，一个主机可以带多个终端，终端不具备数据处理的功能，只能完成数据的输入和输出。集中式系统最大的特点就是部署结构简单，底层一般采用从 IBM、HP 等厂商购买的昂贵的大型主机；缺陷在于由于是单机部署，因此系统易产生单点故障问题（单个点发生故障时会波及整个系统或者网络，从而导致整个系统或者网络瘫痪），并且系统的扩展性较差。

关于分布式系统，在《分布式系统原理和范型》一书中是这样定义的："分布式系统是若干独立计算机的集合，这些计算机对于用户来说就像是单个相关系统。"在《分布式系统概念与设计》一书中，分布式系统的定义如下："分布式系统是一个硬件或软件组件分布在不同的网络计算机上，彼此之间仅仅通过消息传递进行通信和协调的系统。"简单来讲就是由一些独立的计算机构成一个集合，然后将这个集合作为一个整体对外提供服务，但是从用户体验来看，就像在操作一台计算机一样。构成这个集合的计算机可以选择价格低廉的普通计算机，计算机越多，CPU、内存、存储等资源也就越多，能够处理的并发访问量也就越大。

举个例子，某大型银行在世界各地有数百个分支机构，每个分支机构都有一台专门的计算机负责存储当地账目及处理当地事务。各分支机构的任意一台计算机可以通过串口服务器与其他分支机构或总部的计算机对话。不论用户和账目在哪里，交易都可以顺利完成，并且用户感觉当前这个系统与集中式主机没有区别，那么这个系统就被认为是一个分布式系统。再比如谷歌公司在全球各地部署了大量节点，这些节点构成了一个分布式系统，当用户通过谷歌搜索信息时，该系统就会在全球各个节点存储的信息中寻找相匹配的图片、文字等信息，然后将各地搜寻到的资料汇总后展示给用户。

分布式系统具有以下 4 个主要特征。

1．分布性

分布式系统中各个主机之间的通信和协调主要是通过网络进行的，因此计算机在空间位置上可以随意分布，可以放在不同的机柜上，也可以部署在不同的机房中，还可以部署在不同的城市中。无论空间上如何分布，系统中的多台计算机之间没有主、从之分，即没有控制整个系统的主机，也没有受控的从机。

2．透明性

系统资源被所有计算机共享。每台计算机的用户不仅可以使用本机的资源，还可以使用本分布式系统中其他计算机的资源，包括 CPU、文件、打印机等。虽然是分布式系统，但是对用户来说是透明的，用户在使用系统时就像操控一台计算机一样。

3．同一性

系统中的若干台计算机可以互相协作来完成一个共同的任务，或者说一个程序可以分布在几台计算机上并行地运行。

4．可扩展性

分布式系统的另一个特色是具有可扩展性。若当前分布式系统不能满足使用需求，可通过增加分布式系统的节点数来扩展系统的可用资源。

集群计算是一种分布式系统，系统内多个独立的计算机相互合作，该系统可提供与比其大很多的机器（例如超级计算机）同等级别的计算和服务，但是总成本却远低于超级计算机的价格。这种分布式系统具有高可用性和负载均衡特性，由于集群内计算机数量较大，当某一台计算机出现故障时，其他计算机可以做出响应，使用户感觉不到集群出现了故障。比如美国加州大学伯克利分校 AMP 实验室开发的 Spark，就是一个用于集群计算的平台。

网格计算也是一种分布式系统，只是各个计算机的耦合度没有那么高，但是仍然可以协同完成任务。与集群计算类似，网格计算也是将大规模的问题划分为若干个子问题，利用分布式系统来解决问题。区别在于，网格计算可以支持较多的异构计算机加入集合，动态地增加或缩减计算资源。而且网格计算使用的机器可以分布在世界的任何角落。

伯克利开放式网络计算平台（BOINC）就属于网格计算的范畴，它最早是为了支持 SETI@home 项目而开发的，利用全球各地志愿者的计算机空闲计算资源来共同搜寻地外文明（SETI）。随后逐渐成为最主流的分布式计算平台，被数学、物理、化学、生命科学、地球科学等学科类别的项目使用。

云计算是分布式处理、并行处理、网格计算发展的新鲜产物，它的核心思想是利用分布在云端的大批量计算机来完成具体的处理任务。云计算不只包含分布式计算，还包括分布式存储和分布式缓存。云计算的产生使实体可以将数据和计算任务发布到云端，由云端服务器来完成相应操作。主流云服务商如图 5.46 所示。

厂商	特点
沃云 Wo Cloud　天翼云 e Cloud　移动云	• 数据中心资源丰富 • 拥有带宽资源和政府关系资源
阿里云　腾讯云　京东云　百度云　360云	• 自身业务拥有丰富的IaaS服务经验 • 产品研发和创新能力强
Windows Azure　amazon　IBM	• 受"数据不能离岸"限制，只能与国内传统IDC厂商合作（如微软与世纪互联）
HUAWEI	• 拥有强大的线下销售团队和技术团队 • 技术实力强大
首云　华云数据　UCLOUD　Chinac	• 融资环境宽松 • 专注特定细节产品

图 5.46　主流云服务商

比如亚马逊推出的弹性计算云，企业用户可以以小时为单位租用虚拟计算机，在 Amazon.com 计算环境下运行应用程序，不需要用户考虑云端计算机所处的实际位置。阿里云自 2009 年创立以来，已迅速成为全球领先的云计算科技公司。阿里云曾多次协助 12306、新浪微博等公司应对流量业务峰值问题，通过对服务器扩容，实现海量弹性需求，待高峰结束后再释放不必要的资源，避免闲置浪费。

分布式计算是一门计算机科学，分布式系统是其主要研究内容。分布式系统是指一组计算机通过网络相互连接与通信后形成的系统。分布式计算的基本思想是将问题分解成很多个子任务，然后把子任务分配给多台计算机进行处理，最后把计算结果综合，得到最终的结果。

随着业务规模的不断增大，系统平台需要具备支持高并发访问和处理海量数据的特性。分布式系统有良好的可扩展性，通过增加服务器数量可以增强分布式系统整体的处理能力，以应对随业务增长的计算需求。分布式系统另一个比较突出的特点是廉价高效。分布式系统集群可以由价格低廉的个人服务器构成，集群的性能可以达到或者超越大型计算机，但是价格却远低于大型计算机。分布式系统适用于处理高并发或者数据量较大的任务，通常将一个任务划分成多个子任务来执行，每个子任务之间是相互独立、互不干扰的。

在了解了分布式计算的工作原理之后，给出一些使用到分布式计算的具体实例。Hadoop 是由 Apache 软件基金会开发的一种分布式系统基础框架，该框架的分布式底层细节对用户透明，用户可以在不了解分布式底层细节的情况下开发分布式程序，这充分利用了分布式集群的高速运算和海量存储特性。其核心组件包括 MapReduce 编程模型、分布式文件系统（HDFS）。

MapReduce 是谷歌提出的一种编程模型。它是 Hadoop 的核心组件，利用"Map（映射）"和"Reduce（归约）"的思想来处理大规模数据集（大于 1 TB）。图 5.47 展示的是利用 MapReduce 编程模型进行并行处理，统计各个形状出现的次数的过程。输入数据为 12 个图形，Map 过程的作用是将总的输入信息划分为多个子模块，这里是将数据图形划分成两部分，然后在每个部分内分别进行图形的计数操作。Reduce 过程的作用是将各个子部分得到的结果进行汇总，得到最终的结果。

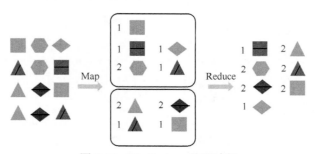

图 5.47   MapReduce 处理过程

RPC（Remote Procedure Call）是一种计算机通信协议，可以将其看作分布式计算的客户端服务器模式。通过该协议，程序员可以通过一台计算机调用另一台计算机中的程序，而不需要编写额外的交互程序。RPC 协议的种类很多，比如 CORBA、RMI、DCOM、Thrift 等。

并行计算与分布式计算是利用并行性使计算机实现更高性能的两种方法，两者的区别在于，并行计算允许所有处理器访问共享存储器，并在处理器之间交换信息。分布式计算则是每个处理器都有自己的专用存储器，通过在处理器之间传递消息实现信息的交换。并行计算原理如图 5.48 所示，分布式计算原理如图 5.49 所示。

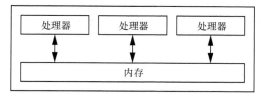

图 5.48　并行计算原理

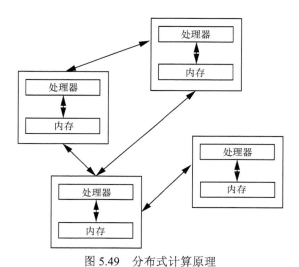

图 5.49　分布式计算原理

5.8　人工智能

5.8.1　基本概念

人工智能（Artificial Intelligence，AI）是计算机科学领域的一个重要分支，该分支的主要研究目标是建造出不需要人为干预就能完成复杂任务的机器。

关于人工智能的定义，美国斯坦福大学人工智能研究中心尼尔森（Nilsson）教授认为人工智能是关于知识的学科——怎样表示知识以及怎样获得知识并使用知识的科学。美国麻省理工学院的温斯顿（Winston）教授则认为人工智能就是研究如何使计算机去做过去只有人才能做的智能工作。人工智能领域著名专家扬·莱坎（中文名杨立昆）（Yann LeCun）教授认为 AI 是一门严谨的科学，专注于设计智能系统和智能机器，其中使用的算法技术在某些程度上借鉴了我们对大脑的了解。

这些说法反映了人工智能学科的基本思想和基本内容，即人工智能是研究人类智能活动的规律，构造具有一定智能的人工系统，研究如何让计算机去完成以往需要人的智力才能胜任的工作，也就是研究如何应用计算机的软硬件来模拟人类某些智能行为的基本理论、方法和技术。

人工智能研究领域十分宽泛，与许多学科都有交叉融合，例如数学、神经学、心理学、语言学等，研究的主要内容包括知识处理和学习、神经网络、机器人学等方面。我们可以根据范围将人工智能划分为三大类，弱人工智能、强人工智能和超人工智能。

1．弱人工智能

弱人工智能是指人工智能被用在某个具体领域，且能取得一定的成绩。如果在其他非擅长领域使用，效果并不令人满意。比如 1997 年 IBM 公司研制的深蓝计算机战胜了国际象棋世界冠军卡斯帕罗夫，如图 5.50 所示。与之类似的还有谷歌公司的阿尔法围棋（AlphaGo），它是第一个击败人类职业围棋选手、第一个战胜围棋世界冠军的人工智能程序，如图 5.51 所示。深蓝、阿尔法围棋属于弱人工智能，它只停留在对人类智能的模拟，它们擅长的领域就是下围棋或者象棋等棋类，如果让深蓝或者阿尔法围棋来解决类似如何更好地在硬盘上存储数据等问题时，它们可能就不知道怎么回答了。

图 5.50　卡斯帕罗夫与深蓝对战

图 5.51　柯洁与阿尔法围棋对战

目前绝大多数人工智能领域的研究属于弱人工智能的范畴，包括计算机视觉、自然语言理解与交流、认知与推理、机器人学、博弈与伦理、机器学习等。在实际生活中，人工智能的成果充斥在人们周围，下面来看一些实例。

视觉是人脑最主要的信息获取来源，计算机视觉是人工智能领域的一个重要分支。计算机视觉其实就是要寻找到一种适宜的方法，基于某些特征表达对问题进行区分，之后借助计算机进行计算的过程。比如我们要实现人脸识别，那么我们首先需要寻找能够把目标问题区分开来的特征。在区分人脸时，我们就可以通过人脸的褶皱、纹理等特征来区分不同人。

计算机视觉在人们日常生活中应用很广泛。比如一些识别系统，包括手机的指纹识别、签到装置的人脸或者虹膜识别、图像搜索等，分别如图 5.52 和图 5.53 所示。

图 5.52　人脸识别

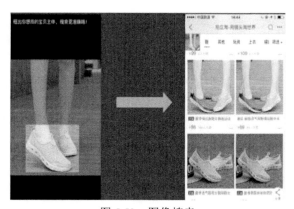

图 5.53　图像搜索

机器学习是人工智能领域的热门分支，机器学习领域的先驱亚瑟・塞缪尔

（Arthur Samuel）曾在其论文 *Some Studies in Machine Learning Using the Game of Checkers* 中将机器学习定义为在不直接针对问题进行编程的情况下，赋予计算机学习能力的一个研究领域。

与传统的为完成特定任务而编写的软件程序不同，机器学习的过程是依据大量的历史数据设计相应的算法，让计算机学习完成任务的方法，从而实现对事件的判断或预测。

机器学习常被用于产品推荐。比如我们在浏览如亚马逊、淘宝等电商网站时会发现网站首页上推荐的产品通常是我们喜爱的内容，这是因为电商网站会将你以往的浏览和购买数据信息交由计算机去学习，从而识别或预测出你的兴趣点，依据决策模型的结果向你推送你可能感兴趣的商品，提高商家销售量。

IBM 公司研制的机器学习系统沃森，利用数百张艺术家高迪作品的图像以及其他辅助资料，借助机器学习算法，让沃森分析包括巴塞罗那的文化、传记、历史文章和歌词在内的作品可能产生的影响。

谷歌公司同样借助机器学习的方法，提升其搜索引擎的理解能力。每次利用谷歌搜索引擎进行内容搜索时，提前设定好的算法程序会观察你对搜索结果的态度。当你点击首页靠上的搜索结果，且停留在该结果指向的网页上，谷歌就初步断定其为你提供了成功的搜索结果。但是，当你点击第二页，甚至更后页的搜索结果，或者没有点击任何搜索结果而是输入新的搜索词时，谷歌就断定其搜索引擎没能给你带来你想要的搜索结果，算法程序会从本次错误中学习，完善后续搜索结果。

2．强人工智能

强人工智能最初由约翰·罗杰斯·希尔勒教授提出，他认为计算机不仅是用来研究人的思维的一种工具；相反，只要运行适当的程序，计算机本身就是有思维的。强人工智能实现的是人类级别的人工智能，简单来讲就是人类依靠脑力能完成的事情，它也同样能够完成。但是目前关于强人工智能还未有突破性进展。

3．超人工智能

超人工智能是牛津大学的哲学家尼克·波斯特洛姆（Nick Bostrom）在他的著作《超级智能》中提出的。他认为超级智能在任何领域（包括科技创新、通识和社交技能等）中都能够超越人类中的顶级人才，两者间的差距可以是细小的，也可以是万亿倍的。

5.8.2　人工智能发展史

19 世纪 50 年代，人工智能领域开始孕育发展。1950 年，图灵发表了论文"计算机器与智能"（*Computing Machinery and Intelligence*），在论文中他介绍了"模仿游戏"的想法，也就是后来广为流传的"图灵测试"。1951 年，普林斯顿大学的明斯基和他的同学埃德蒙一起建造了一台名为 Snare 的学习机。这台机器主要用于学习如何穿过迷宫，它是世界上第一台神经网络模拟器，其诞生也被看作人工智能的一个起点。1955 年，在洛杉矶召开的美国西部计算机联合大会的分会场上，包括塞弗里奇、纽厄尔在内的参会者针对学习机展开了激烈讨论。塞弗里奇是模式识别领域的奠基人，他编写了第一个可工作的人工智能程序。

1956 年，由达特茅斯学院助理教授麦卡锡、哈佛大学明斯基、贝尔实验室信息部数学家和信息学家香农、IBM 公司罗杰斯特共同发起，邀请兰德公司的纽厄尔、IBM 公司的摩尔及塞缪尔、美国麻省理工学院的塞弗里奇、卡内基梅隆大学的西蒙等人参与的夏季研讨会在达特茅斯学院召开。会议持续了近两个月的时间，会上就用机器模拟人类智能问题展开了深入讨论，首次提出了"人工智能"的概念，标志着人工智能学科的产生。达特茅斯会议被广泛认为是人工智能诞生的标志。

会议后不久，麦卡锡和明斯基到美国麻省理工学院工作，两人在 MIT 联合创建了世界上第一个人工智能实验室。明斯基作为第一个神经网络模拟器的研发者、虚拟现实最早的倡导者，以及框架理论的提出者，获得了 1969 年的图灵奖，成为人工智能领域第一位获得图灵奖的学者。1971 年，麦卡锡凭借创造了 LISP 语言（人工智能领域的常用语言）以及 α-β 搜索算法获得了图灵奖。

达特茅斯会议后的数十年里，人工智能经历了快速发展期。在数学和自然语言领域，研究人员利用计算机来解决代数、几何、英语等问题。美国很多著名高校也开始了人工智能领域的研究，一些知名高校，如美国麻省理工学院、卡内基梅隆大学、斯坦福大学和爱丁堡大学等相继建立人工智能实验室，并获批政府大量研究资金支持。

但好景不长，从 70 年代开始，人工智能进入了第一次发展瓶颈期。当时人工智能的发展主要面临三大问题，首先是计算机性能不足，一些程序无法在人工智能领域得到应用；其次是随着问题复杂性的逐步增加，使用人工智能处理问题受阻；最后是缺少大量的数据支持，没有足够的数据量就无法支撑机器实现更准确的训练，无法使机器达到足够智能化的水平。这三大问题导致研究人员对项目进度预估不足，项目进展缓慢，众多政府机构逐渐停止了对人工智能项目的资助，而是将科研经费转移到其他类项目上。

20 世纪 80 年代，随着 BP 算法和 Hopfield 神经网络的提出，人工智能进入第二次发展浪潮。与第一次符号化的发展方式不同，此次人工智能的发展更趋向于专业化，专家系统则是该阶段的代表，借助向计算机内输入大量领域专家水平的知识与经验来处理某一领域问题。但是后期人们逐渐发现了该系统的一些弊端，比如在为计算机提供知识时首先需要先倾听专家的意见，这使系统的使用成本增加，同时随着知识量的不断增加，知识前后间不一致的情况屡有发生。在众人的叹息声中，80 年代末人工智能的发展步入第二次寒冬期。

2006 年，杰弗里·辛顿（Geoffrey Hinton）联合扬·莱坎（中文名杨立昆）（Yann LeCun）、约书亚·本吉奥（Joshua Bengio）发表论文 *A Fast Learning Algorithm for Deep Belief Nets*，让大家普遍认为可以应用神经元网络解决很多问题。随着深度学习技术的提出，以及随后人工智能在图像、语音识别等领域取得的一些成就，人工智能发展的第三次序幕被成功拉开。

5.8.3　图灵测试

第 3 章中曾经提到过，阿兰·麦席森·图灵在 1936 年提出了图灵机的概念，利用图灵机可以理解机器的能力及其工作的局限性。除了这些，他还提出了著名的"图灵测试"。作为计算机逻辑的奠基者，他被称为"计算机科学之父""人工智能之父"。美国计算机协会为了纪念图灵在计算机领域的卓越贡献，于 1966 年设立了图灵奖，此奖项被誉为计算机科学界的诺贝尔奖。

图灵测试最早出现在阿兰·麦席森·图灵于 1950 年发表的著名论文"计算机器与智能"中。图灵测试是这样描述的：将测试者与被测试者（一个人和一台计算机）隔离，测试者通过装置（如键盘）向被测试者随意提问。多次测试后，如果超过 30% 的测试者不能确定被测试者是人还是机器，那么这台机器就通过了测试，并被认为具有人类智能，如图 5.54 所示。

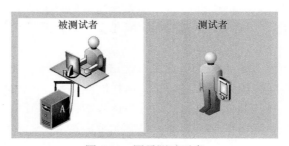

图 5.54　图灵测试示意

最著名的图灵测试示例是 20 世纪 60 年代由约瑟夫·魏泽鲍姆（Joseph Weizenbaum）开发的 ELIZA 程序，这个程序用来反映指导心理治疗的医生的心理分析场景，计算机程序扮演医生的角色，用户扮演病人的角色。ELIZA 程序的作用就是根据一些明确定义的规则，将病人的陈述转换处理后重新反馈给病人。例如，病人陈述"我今天觉得很累"，ELIZA 程序将病人的陈述转换处理后可能反馈给病人"为什么你今天很累？"。ELIZA 程序表现出较好的理解力，许多与它交流过的人会迎合这种对话方式，因此在某种意义上讲，ELIZA 程序通过了图灵测试。

2014 年 6 月 7 日，俄罗斯人弗拉基米尔·维西罗夫（Vladimir Veselov）设计的聊天软件"尤金·古斯特曼（Eugene Goostman）"在英国皇家学会举办的 2014 年图灵测试大会上冒充一个 13 岁乌克兰男孩，骗过了 33%的评委，从而"通过"了图灵测试。英国皇家学会设定的测试规则是在一系列时长为 5 min 的键盘对话中，如果某台计算机被评委误认为是人的比例超过 30%，那么这台计算机就通过了图灵测试。系统界面如图 5.55 所示。

图 5.55　尤金·古斯特曼系统界面

5.8.4　基础研究技术

1. 神经网络

神经网络是一种计算模型，其灵感来源于人脑的智能结构，试图通过模拟人脑结构来实现智能计算。在人脑结构中，进行思考的基础是神经元，因此在人工神经网络中，要模拟神经元结构来让计算机实现思考的能力，这种最早的人造神经元结构被称作感知器，直到现在，这种结构仍然在神经网络领域被使用。

我们来举一个例子帮助大家理解感知器的概念。比如，现在是假期，你打算旅游出行，你可能会考虑如下因素，比如有没有人跟你一同出行、目的地的天气情况、出行的费用是否能接受等。上面这 3 个考虑的因素就是感知器的输入，最终的考虑结果就是输出。在考虑过程中，各个因素的重要程度不同，因此每个因素会具有不同的权重。

为了保证神经网络的顺利运行，神经网络结构通常包含输入层、隐藏层、输出层。其工作过程可以概括为，首先明确问题的输入和输出，接着设计一种或多种算法，可以根据输入数据得到输出，利用部分已知答案的数据集作为模型来训练神经网络模型，估算相应的权重值。训练完毕后，把新数据输入给神经网络模型，得到输出结果，同时可以根据结果对权重值进行修正。

1943 年，麦卡洛克（McCulloch）和皮茨（Pitts）在 *Bulletin of Mathematical*

Biophysics 上发表了文章"神经活动中思想内在性的逻辑演算"（*A Logical Calculus of Ideas Immanent in Nervous Activity*），提出了神经科学的第一种计算方法，开启了神经网络研究的先河。

1951 年，人工智能的奠基人明斯基提出了关于思维如何萌发并形成的一些基本理论，并建造了世界上第一个神经网络模拟器 Snare，这是人工智能最早的尝试之一。

1958 年，康奈尔大学实验心理学家弗兰克·罗森布拉特（Frank Rosenblatt）在计算机上模拟实现了一种神经网络模型，该模型可以完成一些简单的视觉处理任务，实现了神经网络研究的又一个突破。

1974 年，哈佛大学的保罗·沃波斯（Paul Werbos）在论文中证明了可以在神经网络中多加一层，并且首次给出了如何训练一般网络的学习算法，即反向传播（Back Propagation，BP）算法。但由于当时神经网络发展正值低迷期，因此该成果并未受到应有的重视。

1983 年，加州理工学院的物理学家约翰·霍普费尔德（John Hopfield）利用神经网络技术处理旅行商问题时获得了较好的解，在当时引起了不小的轰动。

1986 年，大卫·鲁姆哈特（David Rumelhart）和麦克莱兰（McCelland）等学者完整地提出了 BP 算法，系统地解决了多层网络中隐单元连接权的学习问题，并在数学上给出了完整的推导。这是神经网络发展史上一个重要的里程碑。

神经网络目前已经受到国内外研究学者的高度重视，各国都在积极开展相应研究，神经网络目前已被应用于众多领域，如图像处理、模式识别、机器人控制、基于神经网络的人脑计算机接口、行为轨迹分析等，均取得了较好的应用效果。

比如可以利用神经网络根据高速公路上拍下的车牌照片来自动识别出车牌号码，如图 5.56 所示。此时车牌照片是神经网络的输入，识别出的具体的车牌号码是输出，将照片的清晰度设置为权重，设定一种或多种图像对比算法作为感知器。将一部分已经识别好的车牌照片作为训练集，传入输入模型供神经网络训练使用，寻找最优参数。训练完毕后输入新拍摄的车牌照片，系统自动显示输出的车牌信息。

图 5.56　车牌识别

2．智能代理

智能代理（Intelligent Agent）最早在 20 世纪 90 年代被提出，又称智能体，是指在某一环境下能持续自主地发挥作用，具有生命周期的计算实体。智能代理可看作一种软件程序，具有高度智能性和自主学习性。它可以进行相关的推理和智能计算，如在用户没有明确给出需求时推测出用户的意图或爱好、自动拒绝一些不合理或可能给用户带来危害的要求、定时为用户提供相关服务等。智能代理的智能性体现在，其可以从经验中不断自我学习，根据环境调整自身的行为，从而提高处理问题的能力。

智能代理技术是人工智能技术的一个重要应用领域，它使计算机应用趋向人性化、个性化，主要应用于虚拟现实、自主代理、智能系统、移动处理计算技术等领域。

虚拟现实技术借助计算机构建出一个与现实环境十分相似的虚拟环境，利用传感器设备帮助用户感受其中，实现用户和环境的直接交互，提升人机交互的体验度。

3．模糊逻辑

在日常生活中，我们经常会使用精确的数字来描述一些情况，比如班里有 40 人、某同学的身高是 1.75 m、今天买了 10 个苹果等这些情况。但是还有一些场景，我们无法用精确的词语来描述，比如用高矮胖瘦来形容人时，多高才算高，可以说有点高、挺高、特别高，不同的人会有不同的标准，这种情况下边界是模糊的，没有适用于所有人的统一衡量标准。

1965 年，加州柏克莱大学教授拉特飞·扎德（Lotfi Zadeh）在其发表的模糊集合理论的论文中首次提出了模糊逻辑的概念，试图解决这类模棱两可的问题。1966 年，马里诺斯（Marinos）发表了关于模糊逻辑的研究报告。之后，拉特飞·扎德又提出了关于模糊语言变量的概念。

模糊逻辑是一种利用精确手段解决不精确、不完全信息的方法。它试图按照类似人的思考方式，推理一些类似高矮、快慢、远近等模糊问题。通过模糊集合，使一个变量可能隶属于多个集合，每个集合部分地占有这个变量，将一个具体的离散值模糊化。在模糊集合的基础上，借助不同角度的模糊规则进行解释，通过计算将模糊值变为确定值。

随着人工智能技术的发展，模糊逻辑也逐渐融合进来，并应用到了家电控制、交通管理、资源处理等领域。比如，洗衣机利用模糊逻辑理论实现水量的模糊控制，根据衣服的数量、种类等指标来决定注水量的多少、水流的强度、机器的功率等因素，从而达到节能的目的。

4．遗传算法

3.7 节智能优化算法中已经介绍了遗传算法的基本思想。遗传算法是人工智能领域用于解决最优化问题的搜索启发式算法，被用于解决博弈、生产调度、图像处理、机器人学等领域。

遗传算法可以被很好地应用到解决博弈问题，特别是人机博弈问题。由于棋牌类游戏具有竞技规则明确的特点，可以很容易地产生搜索空间，因此在分析状态空间搜索问题时，常将棋牌类游戏作为研究对象。例如在机器博弈过程中，通常利用遗传算法完成搜索、优化参数等操作。在使用遗传算法时，处理的基本步骤不变。首先，可将博弈树看作种群，将所有包含从根节点到叶子节点的子树看作种群内的个体。接着，根据待优化的目标设定评估函数，并计算种群内各个个体的适应值，选择当前群体中适应度较高的个体遗传到下一代群体中，通过多次迭代上述过程，最终得到优化解。

5. 机器学习

机器学习是通过编写一类具有通用特性的算法来解决不同领域的相近问题，在不同领域应用时，用户只需要把不同应用场景的数据发送给程序，让程序进行训练即可。简单来讲，机器学习是让机器利用大量数据完成训练学习过程，这样机器可以在不借助人帮助的情况下完成对象识别等问题。机器可以通过大量的图片学习来识别特定对象，例如识别一只猫或者人脸。机器学习的关注点主要集中在怎么在数据中发现某种模式，并利用这种模式来进行相关预测。

下面简单介绍一下机器学习的大致流程。首先需要选择数据，把数据划分成3类，训练数据、验证数据和测试数据。通过相关属性，利用训练数据来建立问题模型。建立好模型后，利用验证数据来确认模型的有效性。通过更换特征、增加数据量或者调整参数值等方法来提升算法的性能。模型调整好后，就可以具体使用模型进行预测了。最后，利用验证数据来检测模型的性能。

按照所使用方法的不同，可以将机器学习大致分为5个派别，分别是符号学派、贝叶斯学派、连接（联结）学派、进化学派、行为类比学派。

① 早期的人工智能学者大致都可以归到符号学派。符号学派起源于数理逻辑和哲学思想，主要是使用规则和逻辑来表示知识，绘制逻辑推论，通过逻辑推理解决实际问题。该派的学者大多认为，人类认知的过程就是使用符号进行运算的过程。

1957年，由纽厄尔（Newell）和西蒙（Simon）设计实现的计算机程序Logic Theorist可以自动证明《数学原理》中的一阶定理，开创了自动定理证明的先河，是符号学派的代表性成果。还有斯坦福大学研制的用于传染病诊断的MYCIN系统，是早期基于规则的专家系统中的典型代表，后期相似的系统都是在其基础上研制的。该系统由LISP语言开发，除了存储了部分规则外，还定义了逆向推理机制。后期芬兰计算机专家在逆向推理的基础上发明了PROLOG语言，该语言是目前人工智能领域的常用语言之一。

目前使用较广泛的方法有决策树、规则等。决策树是人工智能领域的常用方法，可以利用一种树形结构来处理分类问题。此种树形结构通常包含 3 种节点类型，分别是根节点、内部节点和叶子节点。每个内部节点都表示对属性的一次测试，分支表示测试的结果，叶子节点表示最终的决策结果。使用决策树处理分类问题大致包含两个阶段，首先是训练阶段，利用给定的训练数据集来构造一棵决策树；然后是分类阶段，从根节点开始，根据决策树的分类属性逐层下分，直到到达叶子节点，得到最终分类结果。规则学习的最终目标是构造一个能尽可能多地覆盖样例的规则集。

② 贝叶斯学派认为世界是不确定的，人们所掌握的知识是不确定的，学习知识的过程也具有不确定性。在问题求解的过程中，最初是对问题做一个初步预判，后期借助观测的数据进行概率推理，调整预判值。简单来讲，贝叶斯学派就是使用概率规则推理评估发生的可能性。

使用较广泛的算法有朴素贝叶斯算法和马尔可夫算法。简单来讲，朴素贝叶斯算法是以贝叶斯理论为基础，在某一条件下判断某个物体属于哪种类别的概率。朴素贝叶斯算法在处理小规模的文本分类问题上具有较好的优势。例如，可以采用朴素贝叶斯算法来判断某一句话属于广告的概率。马尔可夫过程是一种随机过程，简单来讲就是现在或者未来某个时间点的状态取值的概率与过去的状态值无关，两者间是独立的。

③ 连接（联结）学派认为人工智能是基于神经科学发展起来的，通过复杂的方式来关联大量的简单单元，借助概率矩阵和加权神经元的方式来标记识别模式。该学派的思想经常被用于神经网络领域，支持者们认为可以通过技术手段来模拟人的大脑结构，例如借助处理器模拟人体内的神经元，借助处理器内的连接关系来关联神经元，以此基本实现模拟人类智能的目的。

④ 进化学派主要依据生物进化学和遗传编码理论，通过模拟进化过程来寻求最优解。该学派的代表人物是霍兰德（Holland），他提出了遗传算法的基本定理，被认为是遗传算法领域的先驱。遗传算法是依据生物界中的物种进化规律而衍生出的一种随机算法，基于概率调整演化来获取最优解。

⑤ 行为类比学派则以心理学理论为依托，该学派支持者认为一切都是通过类比推理的方式得到的，即在已熟悉场景的基础上，依据相似算法来推理得到现场景的情况。该学派的代表性人物有皮特·哈特（Peter Hart）和弗拉基米尔·万普尼克（Vladimir Naumovich Vapnik）。前者提出了首个基于相似度的算法，后者发明了支持向量机，支持向量机是当时使用最广泛的基于相似度的学习机。

该学派思想被广泛地应用到推荐系统，比如我们可以使用基于类比的协同过滤推荐算法来预测你的某种喜好，找到一些与你兴趣爱好相同的人，当有某个新产品在电商平台上线后，可以观察他们对这个新产品的喜好程度，如果他们都很喜欢，那把这件商品推送给你时，你购买的概率也会很大，使用这种方式就可以在一定程度上提升电商平台的销售额。

按照学习方式的不同，可以大致将机器学习分为两大类，监督学习和无监督学习。

监督学习的过程就是让计算机先利用样本数据进行训练，训练样本中一般包含事先打好的标签，通过一定时间的训练后，得到一个训练好的模型，利用该模型将后续所有的输入数据映射为对应的输出，以此实现结果的预测，达到分类的目的。监督学习机制在神经网络和决策树领域应用较广泛，这两个领域都需要依据学习好的模型来处理分类问题。

监督学习的实例在我们生活中很常见，例如物品交易、医疗诊断等。在物品交易时，可利用监督学习方法预测房屋价格，房产中介已经有了一些历史的房屋出售数据，那么我们可以让计算机根据这些历史数据进行学习，得到一个数据模型，然后就可以根据这个模型来预测某套房屋的出售价格；还可以根据汽车的驾驶时间、驾驶里程、车辆品牌、型号等因素评估二手车的成交价格。在医疗诊断上，监督学习也可以发挥作用，比如已经掌握了一些病人患肿瘤的信息，比如病人的年龄、性别、肿瘤大小、肿瘤性质等，通过这些数据训练模型，可以判断肿瘤是良性还是恶性。

对于不含标签的数据处理问题，需要使用无监督学习。无监督学习与监督学习刚好相反，并没有事先准备训练数据供计算机训练模型，而是让计算机直接对不含任何标签的数据进行学习，寻找数据中的某种特性结构，根据这种结构可以自然地将数据划分成若干个聚类。简单来讲，就是不提前告诉计算机已经有哪些分类，而是让计算机通过自学的方式将数据划分成若干个簇。

无监督学习的案例在我们生活中也不少。比如谷歌的新闻主题分组就是应用的无监督学习，谷歌会将从网上搜集到的无标签的新闻交由计算机进行自学习，计算机在学习过程中会将这些新闻划分成若干个簇，同一个簇内都是内容相关的新闻。

6. 深度学习

1998 年，深度学习的概念被提出，当时只是使用它来解决手写体字符识别问题。神经网络研究领域领军者杰弗里·辛顿（Geoffrey Hinton）在 2006 年提出了神经网络 Deep Learning 算法，使神经网络的能力大大提高，向支持向量机发出挑战。2006 年，辛顿和他的学生鲁斯兰·萨拉赫丁诺夫（Ruslan Salakhutdinov）在顶尖学术刊物*Science*上发表了一篇文章，开启了深度学习在学术界和工业界的浪潮。该文章主要提出了两个代表性观点。首先，多层人工神经网络模型有较强的特征学习能力，通过深度学习模型得到的数据更具代表性。其次，他们提出了通过逐层训练的方法来解决深度神经网络在训练时难以达到最优的问题。2010 年，深度学习项目首次获得美国国防部门 DARPA 计划的资助，由斯坦福大学、纽约大学、美国 NEC 研究院等单位共同参与完成。

深度学习属于机器学习的一个分支，它的核心思想就是模拟人的思维过程，通过构建含有多隐藏层的机器学习架构模型来训练大规模数据，达到特征学习的目的。与机器学习的差别在于，深度学习在数据量较大时可以获得更好的学习效果。随着现在数据量的增加，深度学习可以发挥更好的作用，从大量无关数据中获取有用信息。

神经网络是深度学习的核心组成部分，主要被用于解决线性不可分问题。深度学习就是通过训练样本集来学习样本数据的内在规律，这些规律对诸如文字、图像、声音等数据的解释有较大帮助。对于深度学习而言，训练集就是用来求解神经网络的权重，最后形成模型；而测试集就是用来验证模型的准确度。深度学习相较于神经网络，层次结构更加复杂，一般人们将由两层、三层以上隐藏层的结构称为深度网络。

深度学习目前被广泛应用于图像处理、语音识别、自然语言处理、推荐系统、无人驾驶等领域。

2010 年，吴恩达教授加入谷歌开发团队 XLab，在谷歌内部推进深度学习算法的使用，开始着手打造谷歌大脑项目。2012 年 6 月，吴恩达带领谷歌科学家们创建了一个包含 16 000 个处理器的大规模神经网络，并把 1 000 万段随机从 YouTube 上选取的视频交由该神经网络学习。经过充分地训练，这个系统在没有外界干涉的条件下，可以自动识别猫的图像，识别率为 81.7%，这就是著名的"Google Cat"，成为深度学习在图像识别方向的经典案例。

2012 年，辛顿的研究小组采用深度学习方法赢得了 ImageNet 图像分类比赛的冠军，分类准确率超过第二名 10%以上，这是深度学习在计算机视觉领域最具影响力的突破，引发了深度学习的热潮。随后，谷歌和百度公司都采用深度学习模型发布了基于图像内容的搜索引擎，大幅提高了搜索准确率。

受深度学习在整个机器视觉领域快速发展的影响，2012 年人脸识别的时代正式拉开序幕，基于深度卷积神经网络的研究逐渐受到人们的关注。利用深度学习进行人脸检测是不需要选择特征的，这与传统方法相比有很大优势。因为传统方法是需要进行特征选取的，而且过程很复杂，需要大量的统计学知识积累。通常人脸自动识别流程主要包括图像采集、人脸检测、特征点定位、人脸预处理、特征提取和身份识别。

2017 年，谷歌公司发布了一款 AI 硬件纸盒套件 Vision Kit。Vision Kit 是一套简单的计算机视觉系统，为了方便用户学习人工智能知识，它提供了 3 种神经网络模型，可以检测几千种常见物品，也可以对人面部表情进行检测，比如微笑、皱眉、愤怒、开心等。同时，谷歌还为用户提供了编译工具，用于训练神经网络模型，让 Vision Kit 可以识别更多的物品。当 Vision Kit 启动后，测试者拿着它进行自拍，调用 Joy Detector 可以实现一个人面部表情的检测，判断他是微笑还是皱眉。如果检测到皱眉，则 Vision Kit 上的指示灯会变成蓝色；如果检测到笑脸，则指示灯会变黄；如果检测到人的表情很夸张，则设备会发出声音。图 5.57 显示了利用 Vision Kit 识别面部表情的例子。

图 5.57　Vision Kit 识别面部表情示例

还有在面部识别基础上发展起来的支付技术，该技术由芬兰公司 Uniqul 在 2013 年首次提出，随后支付宝公司开始将这项新技术应用到实际生活中，已有众多餐饮、药房、便利店等机构与支付宝开展合作。这种技术使人们不用再携带现金或者银行卡，只需要扫描面部即可实现支付功能，操作相当方便。通过与由身份证、社保信息等构成的海量数据库照片进行对比发现，该技术可大幅提升支付的安全性。

人的大脑在工作时，可以根据工作方式的不同将大脑皮层分为两层，感知层面和认知层面。我们的视觉、听觉和触觉是由感知层面控制的，认知层面则控制更复杂的层面，比如我们看到一个苹果，通过观察苹果的外形，品尝苹果的味道，我们大脑里就会对这样的物品产生一个概念，然后转换成日常语言中的词汇，也就是苹果这个词语，这个过程融合了包括语言和理解的大脑认知皮层层面。一些科技公司和相关研究院所将深度学习应用到人的感知层和认知层，比如机器翻译、自然语言处理等。例如，科大讯飞翻译机 2.0、清华准儿 Pro 翻译机就是基于深度学习实现的机器翻译，两者都支持多种语言的互译，测试分析准确率都可以达到 97%以上。同时，两者利用深度学习算法、神经网络算法等技术还可实现拍照翻译的功能，如图 5.58 所示。

图 5.58　翻译机翻译界面

2006 年，为了吸引更多的专业人士投身推荐系统研究，Netflix 公司发起了 Netflix Prize 百万美金竞赛。由于早期业务的影响，Netflix 系统早期的目标是预测用户对某部影片的评分。随着业务模式的转变，Netflix 现在的主要目标是通过从更多维度了解用户的使用行为，如用户是使用何种设备观看、每天的观看时间、观看的频率、用户如何发现视频等，来为用户精准地推荐影片。

推荐作为解决信息过载和挖掘用户潜在需求的技术手段，在诸多电商平台发挥着重要的作用。例如，在美团 APP 首页的猜你喜欢、酒店、旅游推荐等重要的业务场景，都是推荐的用武之地。

谷歌公司作为当前无人驾驶的领跑者，2007 年开始筹备无人驾驶汽车的研发工作。2012 年 5 月，谷歌公司获得了美国首例自动驾驶汽车的路测许可。2014 年 5 月，谷歌公司在 Code Conference 科技大会上推出了第一辆无人驾驶汽车。该车与常规汽车的区别在于，车厢内没有方向盘、油门及刹车踏板，完全依靠传感器和相关软件操作完成驾驶。汽车主要由激光雷达、摄像机、计算机系统等部分构成，如图 5.59 所示。汽车通过车顶上的扫描器发射激光射线来计算车与物体的距离。车底系统测量车辆在 X、Y、Z 这 3 个方向上的加速度、角速度等数据，然后利用 GPS 数据计算出车辆的位置，将得到的这些数据与车载摄像机抓取的图像一起作为输入传给计算机，通过智能算法控制汽车的下一步行动。不止谷歌公司，特斯拉、奔驰、宝马等公司也在积极借助深度学习技术进行无人驾驶汽车的研发。

图 5.59　无人驾驶汽车结构

参考文献

[1]　SAHAMI M. Computer science curricula 2013(cs2013)[J]. AI Matters, 2015, 5(1): 4-5.

[2]　吕娜. 关系数据库之父——Edgar Frank Godd[J]. 程序员, 2010(6): 8.

[3] 王元桌, 靳小龙, 程学旗. 网络大数据: 现状与展望[J]. 计算机学报, 2013(6): 3-16.

[4] 中国国家标准化管理委员会. 信息安全事件分类分级指南[S]. GB/Z 20986-2007, 2007.

[5] 弗雷德里克·布鲁克斯, 布鲁克斯, 汪颖. 人月神话[M]. 北京: 清华大学出版社, 2007.

练 习 题

1. 生活中的哪些方面是由机器控制的？这些机器又受控于谁？

2. 生活中的哪些场景用到了数据挖掘技术？

3. 简述单道程序系统和多道程序系统的区别。

4. 谈谈你对国产操作系统的理解。

5. 试说明网桥与交换机的异同。

6. 列举一种你较熟悉或生活中常用的网络设备并介绍其用途。

7. 谈谈因特网对生活的影响。

8. 哪些领域对信息安全的需求较强烈，试举例说明。

9. 可以通过哪些途径来保护信息安全？

10. 只要一台机器通过了图灵测试，就代表这台机器一定是智能的吗？

11. 谈谈人工智能发展的利与弊。

第 **6** 章
计算学科的发展趋势

6.1 云计算

6.1.1 基本概念

1984 年，Sun 公司的联合创始人约翰·盖奇（John Gage）提出了"网络就是计算机"的概念，并用此概念来描述分布式计算带来的新世界。现在的云计算技术正逐步将该理念转为现实。

1997 年，南加州大学切拉帕（Chellappa）教授提出了云计算的第一个学术定义，他认为计算的边界可以不是技术局限，而是经济合理性。

2006 年 3 月，亚马逊（Amazon）推出弹性计算云（Elastic Compute Cloud，EC2）服务后，云计算开始进入人们的视野。

2006 年 8 月 9 日，谷歌首席执行官埃里克·施密特（Eric Emerson Schmidt）在搜索引擎大会首次提出"云计算"（Cloud Computing）的概念。

虽然云计算这项概念已经提出数年了，但是到目前为止，云计算还没有一个统一的定义，不同公司、机构对该概念有自己的侧重角度。

维基百科对云计算的定义是，云计算是一种动态扩展的计算模式，可以通过网络将虚拟化的资源作为服务提供。

谷歌公司则认为云计算是将所有的计算和应用放置在"云"中，设备终端不需要进行任何安装，通过互联网即可分享程序和服务。

美国微软公司的观点是云计算是包含"云+端"的计算，将计算资源分散分布，部分资源放在云上，部分资源放在用户终端，部分资源放在合作伙伴处，最终由用户选择合理的计算资源分布。

美国国家标准与技术实验室（NIST）则认为云计算是一个提供便捷的按使用量付费的模式。用户可通过互联网访问一个可定制的 IT 资源共享池，其中 IT 资源包括网络、服务器、存储、应用、服务等，这些资源能够快速部署，并且只需要很少的管理工作，或很少的与服务供应商的交互。

6.1.2 云计算服务模式

6.1.1 节对云计算概念的解释中，美国国家标准与技术实验室提出的云计算概念是目前较常用的。此种定义从用户体验的角度出发，将云计算划分成了 3 种服务模式，基础设施即服务（Infrastructure as a Service，IaaS）、平台即服务（Platform as a Service，PaaS）以及软件即服务（Software as a Service，SaaS），如图 6.1 所示。

图 6.1　云计算服务模式

基础设施即服务，用户通过租用 IaaS 公司的服务器、存储设备和网络硬件，利用 Internet 就可以完整地获取计算机基础设施服务，大大节约了硬件成本。该种模式可以根据需要随时扩展和收缩资源。比较知名的 IaaS 有 Amazon、Microsoft、VMWare、Rackspace、Red Hat、阿里云、腾讯云等。

平台即服务，也被叫作中间件。用户通过 Internet 可以使用 PaaS 公司提供的各种开发和分发应用的解决方案，比如虚拟服务器和操作系统等，软件的开发和运行都可以在提供的平台上进行。这种模式在节约了硬件成本的同时还大大提高了协作开发的效率，部署维护较简单。比较知名的 PaaS 有 Google App Engine、Microsoft Azure、VMware Cloud Foundry、Force.com、Heroku、Engine Yard、AppFog 等，其中 2008 年由 Salesforce.com 推出的 Force.com 平台是世界上第一个平台即服务的应用。

软件即服务是指供应商可以提供完整并可直接使用的应用程序。也就是说，用户连接上网络，通过浏览器就可以在云端上运行相关应用，而不需要考虑软件安装等琐事。这种模式的特点在于它初始成本低，不需要管理和维护，操作较简单，比较适合中小企业。比较知名的 SaaS 应用有 Citrix 的 Go To Meeting、Cisco 的 WebEx、Salesforce 的 CRM、ADP、Workday 和 SuccessFactors 等。

接下来通过具体例子来帮助大家理解这 3 种服务模式间的区别。大家日常生活中经常会吃到披萨，我们可以想象一下披萨的制作过程。首先我们想象第一种场景，自己制作披萨。那么我们需要准备很多材料，比如面团、奶酪和披萨上的配料，准备好后将披萨放入烤箱中烤制。这个场景可以看作本地部署的过程，在云计算产生之前一般都是这种工作模式。

然后我们来想象第二种场景，如果我们觉得自己制作麻烦，可以从披萨店买回半成品，然后自己在家烘焙，与第一种情景不同的是，此时需要一个披萨供应商，我们只需准备火、烤箱、餐桌即可。该场景对应的是 IaaS 服务模式。

接下来考虑第三种场景，定外卖直接将披萨送到家中。在这种场景下，我们不再需要烤箱烘制，只要准备一套桌椅，然后在餐桌上食用即可。该场景对应的是 PaaS 服务模式。

最后一种场景是直接到披萨店去吃，这样什么都不需要准备，直接在店内点餐和食用。该场景对应的是 SaaS 服务模式。图 6.2～图 6.5 表示的是以上 4 种场景的示例。

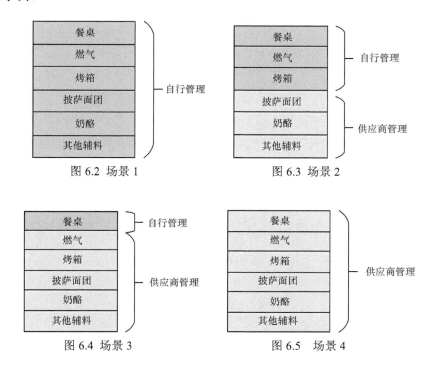

图 6.2　场景 1　　　　　　　　图 6.3　场景 2

图 6.4　场景 3　　　　　　　　图 6.5　场景 4

6.1.3　云计算核心技术

虚拟化技术是云计算中的核心技术之一。虚拟化是一种资源管理技术，它将计算机的各种实体资源（如服务器、网络、内存以及存储等）经过抽象、转换后呈现出来，打破实体结构间不可切割的障碍。虚拟化技术是将底层物理设备与上层操作系统、软件分离的去耦合技术。虚拟化的目标是实现计算机资源利用效率和灵活性的最大化。

从技术角度上看，虚拟化是通过软件资源仿真计算机硬件，借助虚拟资源为用户提供服务的一种工作形式。虚拟化的目标是合理调配计算机资源，使其更高效地提供服务。它把应用系统各硬件间的物理结构打破，实现了架构的动态化。虚拟化最大的好处是增强了系统的弹性和灵活性，降低了成本，改进了服务，提高了资源利用效率。

从表现形式上看，虚拟化又分为两种应用模式。一种是将一台性能强大的服务器虚拟成多个小服务器，服务器之间相互独立，互不干扰，服务不同的用户。另一种则是把多个服务器虚拟成一个强大的服务器，多台服务器协同工作，完成同一个业务需求。

下面通过一个例子来理解下虚拟化技术。假设一个村子内有多户人家。小张家粮食总是有剩余，这可以看作小张家资源丰富，有部分资源闲置。而小李家粮食总是不够吃，这可以看作小李家资源紧缺。小王家的情况则不固定，他家不定时地会来一批客人，因此他家的粮食有时有结余，有时却不够用，这可以看作小王家计算波动较大。每家有多少粮食、多少副碗筷都被村民委员会主任记录在本子上，进行统一调度。小张家人很善良，他们在家里多添了几副碗筷，供其他人来家里吃饭，这相当于在一台物理机上虚拟出了多台机器。

由于云计算系统由大量服务器构成，因此在云计算环境中，一般使用分布式存储的方式来存储数据，通过冗余存储的方式保存多个数据副本，以保证数据的可靠性。现有云计算环境中使用的数据存储技术主要有两种，一种是谷歌公司的文件系统（Google File System，GFS）。另一种是 Apache 软件基金会提出的一款与 GFS 类似的开源文件系统，即 Hadoop 分布式文件系统（Hadoop Distributed File System，HDFS），该系统是 Hadoop 分布式框架的核心组成部分。

上述两个文件系统实质上都是大型的分布式文件系统，在计算机集群的支持下向用户提供所需服务。比如百度云、360 云这些网络存储工具，基本上都是采用基于 Hadoop 的分布式文件系统或者其他分布式文件系统搭建起来的，并在此基础上增加了一些文件上传下载、音视频播放等功能。

通常大型云计算平台会存储海量的数据，承载大量的用户信息，这无疑增加了基于该平台的数据管理压力。基于此种情况，谷歌首先提出了 Big Table（一种分布式数据存储系统，通过列存储方式来组织管理非关系型数据），利用这种非关系型数据库来处理海量的数据。与 Big Table 功能类似的还有 Hadoop 团体推出的开源数据管理工具 HBase，它也是一种基于列存储的非关系型数据库，目前大型互联网公司就是采用该类数据库来组织管理用户数据，比如阿里搜索从 2010 年就开始部署使用 HBase。

云计算归根到底还是要落实到计算上，只不过该种计算方式是将计算机集群中的 CPU 计算资源集中起来构成一个计算平台，然后用户按照规定的格式编写符合个人需要的程序代码，并将写好的程序提交到计算平台获取最终结果。谷歌公司最先提出了一种分布式编程框架 MapReduce，该架构可以有效地利用几千甚至上万台计算机的计算资源完成计算任务，例如 40 GB 文本的单词计数操作在几秒到几分钟内就可完成。这种计算模式被各搜索引擎广泛采用，是搜索引擎可以为广大用户提供搜索功能的基础。

6.1.4　其他类型计算

大数据时代数据处理的特点是集中式，即数据的存储与计算均在云端完成。这种方式虽然为用户节省了不少开销，但在万物互联背景下，这种模式也暴露了一些弊端。

首先，线性增长的集中式云计算能力无法与爆炸式增长的数据量相匹配。其次，随着网络边缘设备接收数据量的增加，海量数据从边缘设备传输到云数据中心的过程大大增加了传输带宽的负载量。此外，边缘设备数据涉及个人隐私，在传输过程中存在数据泄露等潜在问题。

为解决此类问题，学术界和产业界开始研究一些新的计算模型，如边缘计算、雾计算、微数据中心、海云计算等。

边缘计算是一种在物理上靠近数据生成位置的数据处理方法，在接近事物、数据和行动源头处计算。该种计算模式的核心思想是增强网络边缘设备的数据存储与计算分析能力，然后将原有云计算的任务进行分解，将小任务移植到网络边缘设备上执行。边缘计算的优势在于它可以降低数据传输带宽，还可以较好地保护隐私数据，降低数据泄露风险。

边缘计算应用范围十分广泛，可用于云计算迁移、视频监控、智能家居、智慧城市、智能交通等领域。根据思科全球云指数预测，2019 年，一个百万级人口的城市每天产生的数据量将达到 180 PB，数据来自公共设施、交通运输、医疗卫生、公共安全等领域。利用网络边缘设备进行数据处理可有效缓解负载压力，减少响应时间，满足急救、公共安全等领域的低时延需求。

特斯拉、谷歌汽车等无人驾驶汽车也很适合使用边缘计算模型来处理任务。无人驾驶汽车是通过车载传感器将路面环境发送到云计算中心，云计算中心计算并规划好路线，再返回车辆行车系统。利用边缘计算模型可以在汽车上执行计算任务，提高汽车系统的实时处理效率，提升车辆驾驶的安全性。

随着物联网技术的快速发展，各种网络终端和智能设备越来越多，云计算需要处理的数据量增大，网络带宽的压力、数据中心的负担逐步增重，数据传输和信息获取面临着巨大的挑战。

2011 年，雾计算的概念被思科公司提出。雾计算采用分布式架构，更接近网络边缘。与云计算不同的是，数据、数据处理以及应用程序都集中在网络边缘设备上，而不是在云端。雾计算具有低时延、地理分布广泛、适应移动性应用、支持更多的边缘节点等特征。雾计算是将物理上分散的计算机联合起来，由性能较弱、位置较分散的各种计算机组成，但对机器的计算能力没有要求。

雾计算的分布式架构给市政管理者提供了治理交通拥堵的新思路。雾计算可以灵活利用基础设施设备、路边传感器和车载设备记录的数据，采取措施减少拥堵，以便基于实时数据重新规划交通。同时利用雾计算中节点的网站分布特性，可实现实时地下成像和检测，用于石油、天然气的勘探；监控建筑物地下结构的变化，及时洞悉可能产生的风险。

6.2　大数据

根据数据展现结构的不同，可以将数据划分为 3 类，分别是结构化数据、半结构化数据和非结构化数据。

结构化数据是指能够用统一的结构加以表示的数据。传统的关系型数据库中存储的数据可以看作结构化数据，这类数据可用二维表结构表示，数据以行为单位，表中任何一列的数据都不能再细分，任何一列的数据都具有相同的数据类型。

半结构化数据是介于结构化数据和非结构化数据之间的数据。这类数据的特点是具有自描述性，数据的结构和内容交织在一起，没有明显界限。HTML、XML、JSON 等文档就属于半结构化数据。

非结构化数据是不包含固定结构的数据，该类数据包括所有格式的办公文档、图片、各类报表、电子邮件、图像和音/视频文件等。通常我们将其看作一个整体，并按二进制格式进行存储。

大数据时代的来临使非结构化数据增速惊人，其增速远大于结构化数据。

IDC 在 2011 年的调查报告中指出，非结构化数据将会占未来 10 年新生成数据的 90%。通过观察日常生活，我们也可以感受到这些变化。比如 10 年前，网络上的视频资源很少，且播放速度缓慢，而现在网络上遍布各种视频资源，我们可以通过笔记本、平板、手机等电子设备观看，而且速度快、清晰度高。

6.2.1　基本概念

随着 Web 2.0 时代的发展，人们似乎已经习惯了通过网络实现生活的数据化。据统计，互联网上的数据每年增长 50%，每两年便可翻一番，而目前的这些数据中有 90%以上的数据是最近几年才产生的。2006 年，个人用户才刚刚迈进 TB 时代，全球一共新产生了约 180 EB 的数据，到 2011 年时这个数字达到了 1.8 ZB。有市场研究机构预测，据 IDC 预测，到 2025 年全球数据总量将会达到 175 ZB。

数据的增长表明，我们已经进入了大数据时代。最早提出大数据时代到来的是国际著名管理咨询公司麦肯锡，它认为 "数据，已经渗透当今每一个行业和业务职能领域，成为重要的生产因素。人们对于海量数据的挖掘和运用，预示着新一波生产率增长和消费者盈余浪潮的到来"。

全球最具影响力的 IT 研究与顾问咨询公司高德纳对于大数据是这样定义的，"大数据是需要新处理模式才能具有更强的决策力、洞察发现力和流程优化能力来适应海量、高增长率和多样化的信息资产"。畅销著作《大数据时代》的作者维克托·迈尔·舍恩伯格曾在书中提到，"大数据是指不用随机分析法（抽样调查）这样的捷径，而采用所有数据进行分析处理"。

维基百科对大数据的定义是 "大数据由巨型数据集组成，这些数据集大小常超出人类在可接受时间下的收集、管理和处理能力"。

麦肯锡咨询公司认为大数据是指大小超出常规的数据库工具获取、存储、管理和分析能力的数据集，尺寸并无主观度量。

6.2.2　大数据特性

在大数据提出之初，人们总结了它的 4V 特性，即 Volume（大量）、Velocity（高速）、Variety（多样）、Value（价值），如图 6.6 所示。

Volume 指数据量大。随着网络的发展，人们成为数据的制造者，衣食住行任何一个方面几乎都会产生数据，比如发布到社交媒体上的日志、商旅网站上的购票信息、商场超市的刷卡记录等，这些需要被采集、存储和计算的数据量都非常大。非结构化数据的规模能达到传统数据仓库的 10～50 倍。

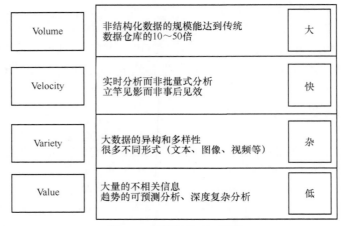

图 6.6　大数据的 4V 特性

Velocity 指数据增长速度快，处理速度也要快，对时效性要求高，也就是说它是实时分析数据，而非批量式分析。比如 IBM 的一则广告就展示了速度快的重要性，即 1 s 能做什么——可以发现得克萨斯州的电力中断，并及时通知电力公司检修避免网络瘫痪；也可以帮助一家金融公司锁定行业欺诈，保护公司和用户的利益等。当然还有搜索引擎要求几分钟前发布的新闻能够被用户查询到，个性化推荐算法尽可能要求实时完成推荐。英特尔中国研究院首席工程师吴甘沙认为这就是大数据区别于传统数据挖掘的显著特征。

Variety 指数据的种类和来源多样化。除了传统的结构化数据，还增加了如文本、图像、视频、音频、地理位置信息等这些半结构化或非结构化数据，多类型的数据对处理能力提出了更高的要求。

Value 指数据价值密度。随着互联网以及物联网的广泛应用，信息感知无处不在，虽然大数据时代产生了海量数据，但相对来讲数据的总体价值密度较低。如何结合业务逻辑并通过强大的机器算法来挖掘数据价值，是大数据时代最需要解决的问题，可以利用大数据实现趋势的预测分析、深度复杂分析等问题。

6.2.3　大数据关键技术

大数据关键技术涵盖了数据的存储、处理、应用、展示等多方面的技术，根据大数据的处理过程，可以将其划分为数据采集与预处理、数据存储、数据计算、数据挖掘、数据展示等环节，每个子环节对应一些关键技术，如图 6.7 所示。

数据采集是大数据处理过程中的第一个环节，通过这个环节获取研究的最基础对象——数据。通常情况下，收集的数据包括射频识别（Radio Frequency

Identification，RFID）数据、传感器数据、社交网络数据、移动互联网数据等，数据类型兼顾结构化、半结构化及非结构化这 3 类。

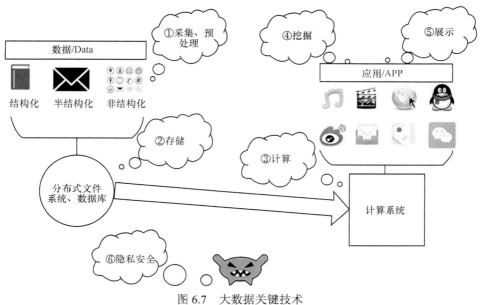

图 6.7　大数据关键技术

　　针对不同的数据源，主要有以下 3 种采集方法。对于已经存储在如 MySQL、Oracle 等传统数据库中的数据，我们可以使用例如 Sqoop、结构化数据库间的 ETL 工具完成数据采集。对于网络数据的采集，主要是借助网络爬虫或者网站公开的 API 来获取网站上的数据，通常采集到的这类数据是非结构化数据或半结构化数据。一般公司平台上每天都会产生许多日志数据，对于系统日志文件的采集，通常是借助日志收集系统。这类系统具有高可用、高可靠以及扩展性较好等优势。目前常用的开源日志收集系统有 Apache 的 Flume、Facebook 的 Scribe 等。

　　通常采集到的数据是纷繁复杂的，有不完整的，有虚假的，有过时的。如果想要获得准确度较高的数据处理结果，在采集好海量数据后需要进入数据预处理阶段，提高数据的质量。预处理阶段对采集到的原始数据进行清洗、填补、平滑、合并、规格化以及检查一致性等操作，目的是将那些杂乱无章的数据转化为相对单一且便于处理的结构，提高数据的可操作性，为后期的数据分析奠定基础。预处理阶段主要包括数据清理、数据集成、数据转换以及数据规约 4 个部分。

　　大数据存储与管理是利用存储器存储采集到的数据，并建立相应的数据库，方便实现对数据的管理与调用。由于数据采集有多种方式，并且数据结构具有多样性，采集到的数据常常难以统一。在大数据技术不断发展的过程中，产生了 3 种适用于大数据存储和管理的系统，分别是分布式文件系统、NoSQL 数据库以及 NewSQL 数据库。

分布式文件系统能够支持多台主机通过网络同时访问共享文件和存储目录，大部分采用了关系数据模型，而且支持 SQL 语句查询。NoSQL 数据库针对传统数据库在灵活性、扩展性等方面的性能劣势，摒弃了原有设计思想，不使用 SQL 作为查询语言，采用可以水平扩展的非固定数据模式来应对海量数据存储的需求。NewSQL 数据库是一类新型的数据库，它取消了耗费资源的缓冲池，通过使用冗余机器来实现复制和故障恢复。

在大数据计算系统中，其计算模式大致可以分为 3 种，离线批计算、流计算、内存计算。Hadoop 的 MapReduce 计算模型是离线批处理的代表。这种计算模式是将存储系统中接收的数据发送给批数据引擎来处理，比如使用 MapReduce 编程模型时就是对存储系统中的数据进行映射和规约操作，再将结果写到存储系统中。批处理擅长处理离线的静态数据，它无法应对实时处理场景。

在大数据处理中，有一类业务需要根据实时数据立即计算出结果，这种计算模式就属于流计算。在流计算中，比较有代表性的是 Storm 和 Spark Streaming。它的处理思路是利用线程实时监控产生的数据，然后不停地将新产生的数据传递给处理线程，待其计算完成后将结果实时写入数据库、文件、消息队列等。

数据分析的意义就是把隐藏在一大批看起来杂乱无章的数据中的信息提取出来，以找出所研究对象的内在规律。

数据挖掘算法是大数据分析的理论核心。算法首先分析用户提供的数据，针对特定类型的模式和趋势进行查找。然后使用分析结果定义用于创建挖掘模型的最佳参数，将这些参数应用于整个数据集，以便提取可行模式和详细统计信息，挖掘数据的价值。在分析大数据时，很多时候需要对得到的结果进行可视化展示，将单一表格变为丰富多彩的图形，将大数据特性简单、清晰地呈现给用户，因此数据可视化也是大数据处理过程中的关键内容。

6.3 物联网

6.3.1 基本概念

物联网（Internet of things，IoT）是新一代信息技术的重要组成部分，也是信息化时代发展的重要产物。物联网的产生与发展可以看作继计算机、互联网之后，世界信息产业的第三次浪潮。

1999 年，美国麻省理工学院的凯文·阿什顿（Kevin Ashton）教授首次提出了物联网的概念。随后其建立了自动识别中心，并提出了万物皆可通过网络互联的观点，阐明了物联网的基本含义。

2005 年 11 月，在突尼斯举行的信息社会世界峰会上，国际电信联盟（ITU）发布了"ITU 互联网报告 2005：物联网"，该报告中引用了物联网的概念。

物联网这个概念刚提出时，简单来讲就是指物物相连的互联网。国际电信联盟曾在其发布的 ITU 互联网报告中对物联网做了如下定义，通过二维码识读设备、射频识别装置、红外感应器、全球定位系统和激光扫描器等信息传感设备，按约定的协议，把任何物品与互联网相连接，进行信息交换和通信，以实现智能化识别、定位、跟踪、监控和管理的一种网络。

早期的物联网是依托射频识别技术的物流网络，随着技术和应用的发展，物联网的内涵已经发生了较大变化。物联网的定义和范围也发生了较大变化，涵盖范围有了较大的扩充，不再只是指基于RFID技术的物联网。

2010 年，中国首个传感网大学科技园在无锡成立，随后移动、联通、电信这三大运营商相继在无锡成立物联网研究中心。

中国物联网校企联盟将物联网定义为当下几乎所有技术与计算机、互联网技术的结合，实现物体与物体之间状态信息的实时共享以及智能化的收集、传递、处理、执行。通过物联网，可以让手机、汽车、家电设备等接入网络，实现物物之间的交互，为人们生活带来极大的便利，如图 6.8 所示。

图 6.8　物联网图示

6.3.2　关键技术及典型应用

无线传感器网络技术是物联网的关键技术之一。传感器是许多装备和信息系统采用的信息收集方式，因此我们可以把传感器看作物联网的入口。传感器网络利用散布在特定区域的传感器节点，构建了一个具有信息收集、传输和处理能力的复杂网络，通过动态自组织方式可以对物品的运动状态实时感知，采集网络覆盖区域内被查询对象的信息，对最初的信息进行检测、交替和捕获。

射频识别又称无线射频识别，是一种非接触式的自动识别技术，是物联网的重要组成部分。它可以通过无线电信号识别特定目标，读写相关数据。射频识别技术的优势在于它不需要与被识别物品直接接触，只要跟被识别物品保持一定距离就可以实时、准确地采集信息，将客观世界的物理信号转换为电信号，实现信息的输入和处理。

射频识别系统主要包括感应标签、读取器、天线。感应标签主要负责在接收到读取器命令后，将本身所存储的编码信息回传给读取器。根据频率的不同，可以将感应标签分为低频、高频、超高频3种。低频感应标签可用于门禁管理系统，高频感应标签可用于票务、产品防伪等方面，超高频感应标签可用于收费、实时监控等系统。读写器在射频识别系统中占据重要地位，它决定了射频识别系统的工作频段，并且读头的功率会直接影响射频识别的距离。

在实际应用中，感应标签通常附着在被识别物体的表面或者内部，当被识别物体进入读取器的可读识区域内，读取器的读头自动以无接触的方式取出感应标签中约定的识别信息，从而实现对被识别物品的信息收集，为后续处理操作打下基础。RFID 读取流程如图 6.9 所示。

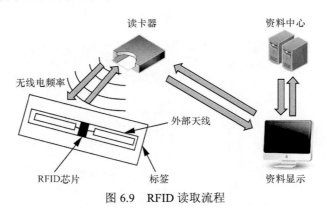

图 6.9　RFID 读取流程

物联网自产生至今已有将近 20 个年头，它革新了我们的生活方式，为我们的生活提供了极大的便捷。根据物联网应用场景的不同，可以将其划分为智能交通、智能家居、智能医疗、智能电网、智能农业、智能工业等。物联网在智能医疗中的应用如图 6.10 所示。

交通是每个人日常生活的重要方面，智能交通的发展依赖着一系列新技术，物联网的兴起将引领智能交通开始一轮跨越式发展。智能交通的发展已经在全行业奠定了良好的技术应用意识和技术普及基础，物联网应用于交通运输领域，特别是物流运输领域，具有良好的适应性。

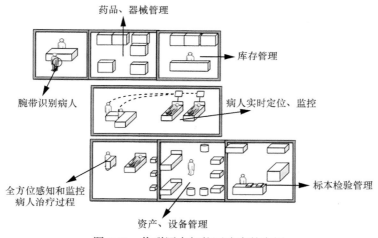

图 6.10　物联网在智能医疗中的应用

比如我们在高速收费口经常看到的电子收费（Electronic Toll Collection，ETC）系统。它是我国首例在全国范围内得到规模应用的智能交通系统，安装了 ETC 系统的车辆在通过高速收费口时不需要停车就可以交费，车载电子标签会自动与安装在路侧或门架上的标签读写器进行信息交换，收费计算机收集通过车辆信息，并将收集到的信息上传给后台服务器，服务器根据这些信息识别出道路使用者，然后自动从使用者的账户里扣除相应费用，这一系统大大降低了收费站附近发生交通拥堵的概率。

实时的交通信息服务是智能交通系统最重要的应用之一。它能够通知驾驶员当前路段和附近地区的交通和道路情况，帮助驾驶员选择最优的路线，还可以为乘客提供实时公交车的到站及位置信息等，便于规划用户等车时间和出行时间。

20 世纪 80 年代，住宅自动化概念被提出，随后出现 Smart Home，也就是现在智能家居的原型。目前国内很多公司推出了相应智能家居产品，用户只要通过手机终端 APP 就能实现对智能家居的操控。

如果使用了智能家居系统，那你的生活可能会变成这样。设置每天起床的时间，当达到设定时间后起床模式开启，这时窗帘会自动缓慢打开，卧室自动播放舒缓的起床音乐，房间布控的安防系统会自动撤销。当你上班离家时，可以通过 APP 或者系统开关开启一键离家模式，此时家里的家电、灯光、窗帘等都会自动关闭，房间安防系统开启。你可以通过无线监控装置实时查看家中状况，若家中发生非法入侵情况时，窗帘会自动拉开，然后灯光开启，将此时情况拍照并发送到你手机中。

医疗一直是民生关注的焦点，世界各国政府对智慧医疗都额外关注。据调研机构数据显示，截止到 2018 年，全球智慧医疗服务支出（如远端监测、诊断设备、生活辅助、生理数据监测等方面）将达到 300 亿美元，2016—2018 年全球智慧医疗服务支出复合成长率将达到 60%。

一些医院已开始启用电子病历，并建立了统一的疾病信息平台，打通了病患信息的共享机制，使患者用较短的治疗时间、支付基本的医疗费用，就可以享受安全、便利、优质的诊疗服务。利用多种传感器设备和适合家庭使用的医疗仪器，能够更加快速、实时地采集各类人体生命体征数据，有利于医院频繁获取更加丰富的数据。采集的数据通过无线网络自动传输至医院数据中心，医务人员利用数据提供远程医疗服务，大大提高了服务效率，缓解了医院排队问题，减少了交通成本。

一些计算机、互联网相关公司也尝试在智慧医疗领域试水。比如，Intel 公司已将物联网技术应用到了医疗监控领域，该公司通过在鞋、家具以及家用电器等设备中嵌入半导体传感器，来帮助老年人、阿尔茨海默症患者以及残障人士感受家庭健康生活。再比如，有些公司推出了智能婴儿管理系统，该系统利用无线通信技术，能够对婴儿实时定位，当婴儿被抱到医院的未授权区或者智能腕带被破坏时，控制中心警报会响起，这样能够防止婴儿被抱错或盗抢。

图书馆是同学们非常熟悉的校内建筑，是日常学习的重要场所。图书馆的图书具有种类多、数量大、周转时间快等特点，目前全国大多数图书馆已经从纯手工管理方式向基于物联网的管理方式转变。图书馆内的自助查询机可以查询所有在馆图书的情况，还可以定位到待借图书的具体位置，为读者借阅提供便利。读者可以利用自助借/还书机独立完成借/还书操作，不再依靠图书管理员完成借/还书流程。这样不仅减少了管理员的工作量，最主要的是提升了读者借/还书效率，不用再像以往那样排队等待，现在只需几秒钟就可完成，具有便捷、易操作的特点，大大提升了用户的体验舒适度。

6.4　新兴计算

6.4.1　量子计算

量子信息理论始于 20 世纪 70 年代的光量子通信研究。20 世纪 80 年代初，阿岗国家实验室的贝尼奥夫（Benioff）最早提出了量子计算的概念，并认为二能阶的量子系统可以用于仿真数字计算。1985 年，牛津大学的多伊奇（Deutsch）教授提出的量子图灵机概念使量子计算开始具备数学的基本型式。20 世纪 90 年代后，伯恩斯坦（Bernstein）和瓦奇拉尼（Vazirani）从数学角度对量子计算机进行了严格的形式化描述。

量子计算是一种根据量子力学规律，调控量子信息单元进行计算的新型计算模式。量子计算机是指遵循量子力学规律进行高速数学和逻辑运算、存储及处理量子信息的物理装置。当某个装置处理和计算的是量子信息，运行的是量子算法时，它就是量子计算机。

传统计算机使用二进制存储比特信息，比特信息可以由 0、1 两种状态表示。在量子计算机中，基本的存储单元被称为量子位，量子比特的状态是一个二维复数空间的向量。量子力学态叠加原理使量子信息单元的状态可以处于多种可能性的叠加状态。

量子计算可以用于信息安全和通信领域。现在常用的加密技术大致可以分为两类，对称加密和非对称加密。RSA 是在保密信道中使用较广泛的非对称加密算法，比如我们日常生活中的银行的 U 盾、12306 网站的数字证书等使用的都是 RSA 加密算法。该算法从 1977 年提出至今经受住了绝大多数攻击的考验，是目前最具影响力的公钥加密算法。但是随着量子计算的不断发展，量子计算机对非对称加密算法会造成一定的威胁，RSA 加密算法面临不小的挑战。

除此之外，量子计算机还可以用于处理传统计算机难以解决或者处理时间较长的一些问题，例如最优化问题。旅行商问题属于最优化问题的一种，传统计算机处理这类问题的方法是记录每一条可能路线的距离，然后对比后找到可以走遍所有城市的最短路线。量子位具有可叠加特性，因此若用量子计算机来处理同样的问题，可以在同一时间尝试多种路线走法，在效率上远超传统计算机。

越来越多的公司、科研机构开始看中量子计算机的发展前景，不断投入人力、物力进行相应研究。2011 年 5 月，加拿大量子计算公司 D-Wave 发布了全球第一款商用量子计算机 D-Wave One，如图 6.11 所示。2013 年 5 月，谷歌公司与 NASA 联合投资购买了 D-Wave Two 用于量子研究。2013 年 6 月，中国科学技术大学潘建伟院士领衔的量子光学和量子信息团队完成了国际上首次成功用量子计算机求解线性方程组的实验。2017 年 3 月，IBM 宣布已将其 Q 量子计算机接入了 BlueMix 云计算平台，让更多的研究人员可以接触到量子计算。谷歌公司也在量子计算机上倾注了大量的时间和资金，计划将 D-Wave 嵌入其云平台，提供云服务。

6.4.2　光子计算

光子计算机是一种由光信号进行数字运算、逻辑操作、信息存储和处理的新型计算机。它由激光器、光学反射镜、透镜、滤波器等光学元件和设备构成，靠激光束进入反射镜和透镜组成的阵列进行信息处理。与传统电子计算机相比，光子计算机以光子作为信息传递的载体，以光互连代替导线互连，以光硬件代替电子硬件，以光运算代替电运算。

图 6.11　D-Wave 量子计算机

　　光子计算具有良好的并行性、超高的运算速度，并且多路光在空间交叉时不会发生干扰，这是与电路相比最明显的优势。此外，光在模拟计算领域也有较强优势。例如图像处理领域经常会用到傅里叶变换的相关计算，如果用传统的数字计算机完成相应计算往往耗时较长，而使用光子计算机进行处理的时间则短到可以忽略不计。因此随着现代光学与计算机科学的不断发展与融合，光子计算机将为人们提供更加便捷的服务。

　　1990 年年初，美国贝尔实验室研制出了世界上第一台光子计算机，它的运算速度达到了每秒 10 亿次。科学家们虽然可以实现这样的装置，但是该种装置所需的条件较苛刻，因此尚难以进入实用阶段。

　　1999 年 5 月，新加坡科学家何盛中研究小组利用纳米级的半导体激光器研制出了世界上最小的光子定向耦合器，可以在宽度仅 0.2～0.4 μm 的半导体层中对光进行分解和控制。

　　2017 年 5 月，中国科学院宣布其成功制造了世界上首台超越早期经典计算机的光量子计算机。中国科学院院士、中国科学技术大学教授潘建伟及其同事陆朝阳、朱晓波等，联合浙江大学王浩华教授研究组在基于光子的量子计算机研究方面取得了一系列的突破性进展。研究团队在 2016 年首次实现十光子纠缠操纵的基础上，利用高品质量子点单光子源构建了世界上首台超越早期经典计算机的单光子量子计算机。

6.4.3　生物计算

　　1959 年，诺贝尔物理奖得主费曼（Feynman）提出了利用分子尺度研制计算机的观点，生物计算的概念被首次提出。20 世纪 90 年代，计算机科学家阿德曼发现可以利用互补的碱基和聚合酶来构建计算机。生物计算蓬勃兴起，目前大多发达国家都开始进行生物计算机的相关研究工作。

生物计算是指将生物大分子作为"数据"的计算模型。它可以细分成 3 种类型，蛋白质计算、RNA 计算以及 DNA 计算。生物计算机是实现生物计算的工具，是一种新型的计算机模型，其中"数据"的基本单位是核酸分子，信息处理工具是生物酶及生物操作。它以生物芯片来代替半导体硅片，并利用有机化合物来存储数据。

生物计算机的优势在于体积小、运算速度快。传统电子计算机的运算过程相当于有一串钥匙，但是每次只能用一把钥匙开一把锁，而生物计算机的运算过程相当于每次同时用数百万把钥匙开锁。其次，生物计算机具有生物特性，当芯片上出现某些故障时，其可以自动修复调节。生物计算机存储量惊人，1 g DNA 可以容纳的信息量与一万亿张 CD 存储的信息量相当，存储密度相当于常见磁盘存储器的 1 000 亿到 10 000 亿倍。再有，生物计算机的元件由有机分子构成，因此耗能较低，并且具有很强的抗电磁干扰能力。虽然生物计算机具有明显优势，但是它也存在一些弊端，比如从中进行信息提取较困难、耗时较长，这是生物计算机目前没有得到广泛使用的最主要的影响因素。

参考文献

[1] 金海. 从网格计算到云计算—虚拟化的探索与实践[C]//第二届中国云计算大会云存储和虚拟化. 2016.
[2] 刘小洋, 伍民友. 车联网: 物联网在城市交通网络中的应用[J]. 计算机应用, 2012, 32(4): 900-904.
[3] 吴楠, 宋方敏. 量子计算与量子计算机[J]. 计算机科学与探索, 2007(1): 5-20.
[4] 许进. 生物计算时代即将来临[J]. 中国科学院院刊, 2014(1): 42-54.

练 习 题

1. 请根据你的理解谈谈云计算与大数据技术的区别。
2. 谈谈你身边的大数据有哪些。
3. 试举一到两个例子来说明物联网对生活的影响。
4. 比较 3 种非电子计算（量子计算、光子计算、生物计算）的异同。
5. 从现在的发展趋势看，你认为非电子计算会取代电子计算吗? 说明原因。